未读 探索家

七个骨架

SEVEN SKELETONS

走出发掘地和实验室的古人类化石明星

[美]莉迪亚·派恩——著
秦鹏——译

Lydia Pyne

The Evolution of the World's Most Famous Human Fossils

海峡出版发行集团 THE STRAITS PUBLISHING & DISTRIBUTING GROUP | 海峡书局

图书在版编目（CIP）数据

七个骨架：走出发掘地和实验室的古人类化石明星 /
(美) 莉迪亚・派恩著；秦鹏译. -- 福州：海峡书局，
2022.8

书名原文：Seven Skeletons: The Evolution of
the World's Most Famous Human Fossils

ISBN 978-7-5567-0982-3

Ⅰ. ①七… Ⅱ. ①莉… ②秦… Ⅲ. ①古人类学—化
石人类—研究 Ⅳ. ①Q981

中国版本图书馆CIP数据核字(2022)第109706号

SEVEN SKELETONS: The Evolution of the World's Most Famous Human Fossils

by Lydia Pyne

著作权合同登记号：图字13-2022-037号
审图号：GS京（2022）0137号

出 版 人：林彬
责任编辑：廖飞琴　黄杰阳
特约编辑：姜文
封面设计：左左工作室
美术编辑：程阁

七个骨架：走出发掘地和实验室的古人类化石明星
QI GE GUJIA：ZOUCHU FAJUEDI HE SHIYANSHI DE GURENLEI HUASHI MINGXING

作　　者：（美）莉迪亚・派恩
译　　者：秦鹏
出版发行：海峡书局
地　　址：福州市白马中路15号海峡出版发行集团2楼
邮　　编：350001
印　　刷：大厂回族自治县德诚印务有限公司
开　　本：710mm × 1000mm　1/16
印　　张：14.25
字　　数：197千字
版　　次：2022年8月第1版
印　　次：2022年8月第1次
书　　号：ISBN 978-7-5567-0982-3
定　　价：68.00元

目录

简介

著名的化石，隐秘的历史

我第一次见到明星化石是在约翰内斯堡一个6月的冬日清晨。

我曾在南非北部一所古人类学学校读本科。作为夏季人类古生物学课程的一部分，我们在威特沃特斯兰德大学听了一场讲座，主讲人是该校杰出科学家菲利普·托比亚斯（Philip Tobias）教授。为了辅助讲解，托比亚斯教授从大学的化石仓库中拿出了几件有名的化石标本，放在红色天鹅绒上的木制浅盘里，像展示稀有宝石似的，我们排队进入教室，坐下后，开始细细品鉴。我们这些学生只见过化石模型，然而眼前的，可都是真品。

托比亚斯教授是个瘦小的男人，一头白发梳得纹丝不乱，领带打得一丝不苟。（个头一般，只有一米六三的我，自我感觉足以俯视他。）来讲课的时候，他穿着一件老气的实验室白大褂，抱来一个小木箱，放在实验台的一端。讲座一开始，他先介绍了南非几个著名的原始人类，或者说人类祖先的化石——拿起面前某个原始人类标本，在手里翻来倒去，指出骨头上的解剖特征，然后小心翼翼地把每个化石放回原位。他举手投足都带着庄重，透着科学的严肃。我们看到的化石代表了几十年的研究成果，也概括了南非在理解人类演化中起到的关键作用。听到不同化石背后的故事天衣无缝地衔接在一起，我们明白，托比亚斯教授显然已经讲过很多次了，但是我们从来没有听过。我们听得入了迷。

但是，每个人都特别想看的标本是汤恩幼儿——这化石在古人类学中地位显赫。自1924年被发现以来，关于汤恩幼儿的故事就充满着英雄、恶棍、理论、小小的恩怨以及对“科学真理”的探索。化石发现者雷蒙德·达特（Raymond Dart）博士的不屈不挠受到了历史传统的褒扬，他坚持认为该化石是人类的祖先，而不是某种畸形的猿类——这种论点与20世纪初科学界的权威观点背道而驰。当达特的观点最终得到科学界的认可，他对化石的坚定信念几乎成了古人类学界的箴言，即面对质疑，优秀的科学研究终将得到正名。

说回化石展示，托比亚斯教授最终走到实验台尽头的木箱旁，眼里闪着光，一点点拉近。为了吊足大家胃口，他十分戏剧化地打开了箱子，虔诚地取出小小的颅骨和下巴。骨片小而纤薄，托比亚斯苍老的手很容易就能握住它们。他告诉我们，这个木箱正是几十年来，雷蒙德·达特本人在威特沃特斯兰德大学用来存放化石的那个。托比亚斯先讲述了他曾经的学术导师达特在布克斯顿石灰岩矿的角砾岩中发现化石的过程，然后将化石碎片拼接在一起，把下颚安在汤恩幼儿的小脸下面。

化石用空洞的眼窝，打量着我们这群人。托比亚斯教授上下移动着小小的下颌骨，让化石小小的前牙咬得咔嗒作响，然后开始了一场精心排练过的喜剧表演。他让汤恩幼儿讲了几个笑话，聊了几句天气，还和他的好朋友雷蒙德·达特一起，就早期古人类学提出了一些见解。这段口技表演让大家目瞪口呆，沉默不语。

片刻之前，介绍化石历史意义的时候，托比亚斯还语带敬奉，现在那份敬意倒显得格格不入了。对我们这些充满热忱的大学生来说，这一幕就像杂耍一样。深受尊敬的托比亚斯教授，怎么能以那样的方式来展示汤恩

菲利普·托比亚斯教授拿着汤恩幼儿。威特沃特斯兰德大学的化石讲座。（莉迪亚·派恩）

化石这样举世闻名的珍品呢？这不该是我们认识它的方式！化石应该在保险库里，或在博物馆的展台上，玻璃后面。哪里都行，但就是不能像《劳莱和哈台》的角色试镜似的。

◎◎◎

过去一个世纪里，人类对自己祖先的搜寻跨越了四大洲，发现了数以百计的化石。这些原始人类化石大多数都静静地躺在博物馆中，供专家们研究。也有一些祖先的化石，比如汤恩幼儿，或者露西，已经凭借自身的魅力，成了世界级的知名人物，是大明星；这些化石早已不为博物馆的架子和目录编号所束缚，它们成了科学大使，吸引着非专业的普通大众，人们赋予它们的文化价值，已然超越了它们仅仅作为科学发现的价值。尽管在过去一百多年的古人类学研究中，科学探究的方法已经发生了很大的变化（更不用说研究问题和科学范式的波动），但这些明星化石仍然是文化格局的一部分。这些祖先化石的名气和重要性在于，它们不仅是其蕴含科学价值的总和，还在大众与科学的互动方面发挥着重要作用。

然而，是什么让一项发现成为明星的呢？为什么有的原始人类化石会得到绰号，能在博物馆展出，甚至还有社交媒体账号，而有的化石却只能待在博物馆的抽屉里？为什么这些问题的答案可能很大程度上依赖于化石本身的文化叙事？“头骨或遗骸只能讲述故事的一部分。骨头都是缄默的，”人类学家科帕诺·拉特雷（Kopano Ratele）提出，“人们必须讲述骸骨的故事。它们必须得到谈论、讲解、解释、崇拜、寻找、检索、纪念、存档、绘制、拍摄以及代表，意义才能重建。人们必须围绕它们建立知识。”[1]

要明白明星化石，必须先明白化石是什么、来自哪里，以及存在于什么环境中。换句话说，我们需要将化石置于它自身的文化历史中，给它写一部传记，里面包含博物馆、档案、媒体和人，即它出土后的日子里，与外界无数次的互动。

◎◎◎

每一则化石故事讲述的都是生和死。植物和动物死后，它们的残骸（动物的骨头）保存在周围的地质环境中，就形成了化石。这个过程需要数千年乃至数百万年。并非所有的环境都能将化石保存得同样完整。有些地质环境和地貌的保存效果要比其他的好得多，这样的地区会受到科学家们的重视，因为发掘出化石的可能性比较大。不仅某些类型的岩石比其他岩石更适合保存化石——石灰岩是一种保存效果特别好的沉积岩，而且某些地貌特征也能为有机体死亡后的化石保存提供更好的环境。对化石的成功解读有赖于对其周围岩石和地貌类型的理解，也就是说，能找到化石，然后适当结合背景加以阐释。原始人类化石——与现代智人有密切演化关系的已灭绝物种、祖先类群——寻找起来特别棘手，甚至复杂得让人难以理解。

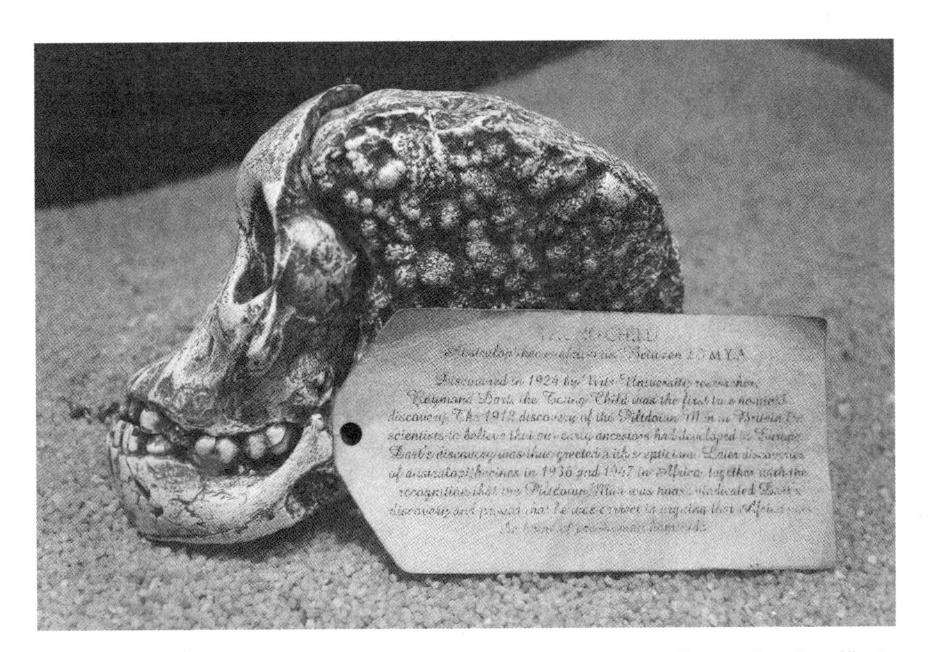

2013年，威特沃特斯兰德大学起源中心的可触摸展览中展示的汤恩幼儿化石模型。（莉迪亚·派恩）

寻找化石，特别是原始人类化石，有着悠久而复杂的历史。有些化石是在机缘巧合下发现的，而另一些则是细致发掘的成果。最早的原始人类化石标本发现于19世纪，然而，早期的探索大多不成体系。人类对祖先的探寻真正开始于20世纪初，借助报纸、博物馆展览，以及偶尔的滑稽模仿，科学界对原始人类的发现走进了大众的视野。即使今天，发现原始人类化石也并非理所当然，而且化石发现的特性也是千变万化的。许多化石是野外调查或偶然发现的，而另一些化石的发现则是几十年来在某一地区的某一地点，对符合研究者特定计划的化石位置展开集中而系统性探索的结果。此外，有可能科学家要在特定地点或区域工作很长时间，才能有所发现，即使是在曾经发现过化石的地点。

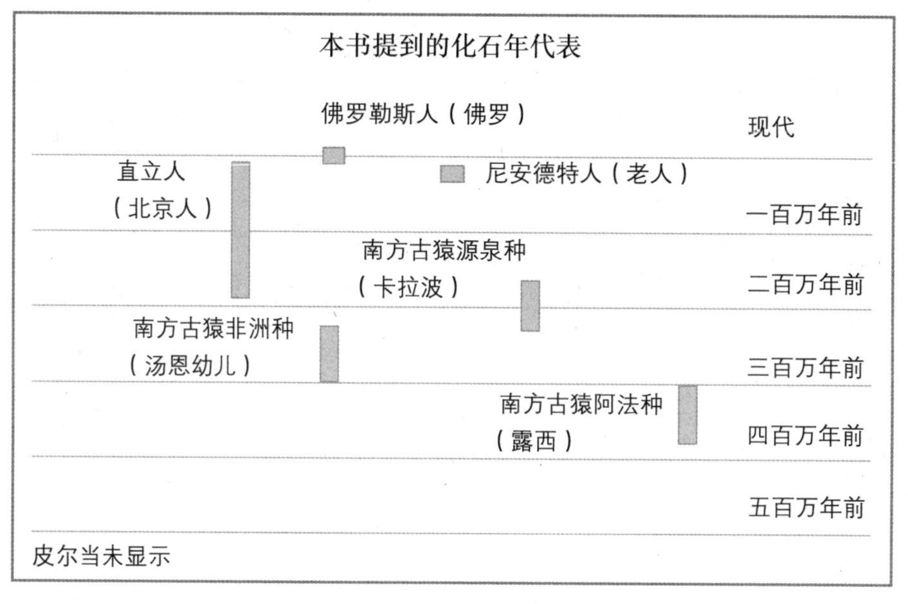

化石人类年代示意图，右侧是时间刻度。方块越长，相应化石物种在地质记录中出现的时间就越长。每个著名化石都与它所属的物种一起列出。皮尔当不是真正的化石，所以没有地质时间跨度。（莉迪亚・派恩）

但是，发现原始人类化石只是了解化石演化意义的第一步。一经发现，化石一般会被送到与研究项目相关的实验室或者博物馆进行清洗，并得到目录编号，成为博物馆收藏的一部分。科学家们会对化石展开研究，与其他类似发现进行对比。他们测量和拍摄化石，并进行分析。虽然自20世纪初以来，一些用于比较化石的技术已经发生了变化（计算机断层扫描取代了立体切片），但是比较法仍然是描述新发现化石特征的基础。从19世纪末发现的尼安德特人遗骸到21世纪最新发现的丹尼索瓦人化石，所有化石都必须得到描述，并放到各自的背景中去。在这一阶段，背景的意思是，对化石所在的地质条件——化石周围的沉积物和岩石的类型——以及与其有关的任何考古文物，如石器、珠子或者颜料等的描述。

最初的研究成果会发表在学术期刊上。也就是从这时起，化石们的命运会迎来第一个分水岭。有些化石会直接回到博物馆实验室的抽屉和架子上。这些标本会继续用于研究，并为未来的科研提供有价值的信息，但它们仅仅是数据表的一部分，而不是独一无二的物品。还有一些化石会被复制成模型，提供给其他博物馆和实验室，方便其他科学家更容易看到标本，而不必将原件运来运去。还有些化石则会成为媒体关注的焦点。对于一些特别激动人心的发现，发现者可能会召开新闻发布会，向公众介绍化石。原始人类的大致形象会得到重塑，并在博物馆展出。科学研究会继续进行，但化石的未来无法预先确定，它受很多因素影响。从此以后，一些化石将成为文化点金石，照亮古人类学历史上的重要时刻，而另一些化石则永远不会成为明星。

◎◎◎

回想起本科时期与汤恩幼儿的相遇，我敢说，一定有很多学生、科学家、研究员和访问者都欣赏过托比亚斯博士展示汤恩化石的那套喜剧表演。托比亚斯博士还在世的时候，看他把汤恩幼儿化石从箱子里取出来，把它的牙齿弄得咯咯作响，正是这块化石生命的一部分，和阅读有关它的发现与科学争议一样——连讲出这段故事也是！与科学论文和博物馆出版物一样，这种特殊体验是汤恩幼儿身份和历史不可或缺的一部分。

人们很容易认为，化石的重要性仅仅在于它的科学价值。科学价值固然是成名的一个原因，但不是唯一原因。有的化石因为时间“最早”或者其他某个方面的“最”而闻名；有的因为围绕着它们的神秘和阴谋而闻名。有些是偶像、有些是赝品、有些被遗忘。而有些化石之所以出名，用文化评论家丹尼尔·波尔斯丁（Daniel Boorstin）的话说，就仅仅是因为出名。然而，所有著名的化石，从根本上说，都是由其不同的受众所塑造的，随着受众和背景的变化，明星化石的特质也在变化。所有明星化石都有一个燃点，科学、文化和历史在此交汇，名气也就一触即发。在它们的文化来源、背景和历史中，明星化石们的际遇起起落落。

我们将化石，特别是原始人类化石，人格化的方式尤其体现了这一点。要变成明星，化石应该从一个简简单单的有名物品（“它”），转变为“他”或者“她”。它有了绰号和人物设定，成了它所蕴藏的历史、生理和心理因素的文化速记。通过简单地取一个名字，替换人称代词，我们实际上是在赋予化石主体性、好感度，甚至是道德维度。“名气源于简单的熟悉感，而熟悉感是由公共手段诱导和强化的。”波尔斯丁认为，“因此，名气是不断重复的完美结果，最熟悉的就是最熟悉的。”[2]我们通过化石的故事来评判它们，著名的化石就是关于英雄主义、臭名昭著和声名远扬的故事。然而化石并不具备内禀的主体性，它们的意义来自周围的人和文化。如今我们塑造它们的成名故事，就像过去历史力量对它们的诠释一样。当我们理解了这些化石的故事，就会看到，科学、历史和大众文化是如何相互作用，产生明星科学发现的——这种交叉意味着人类祖先化石经由大量的物质文本演变成了文化标尺。

本书中七个著名的原始人类化石与物质生活中的零零碎碎密切相关。这些化石有自己的明信片、正式肖像、展览、T恤和海报。（我甚至在游客中心的礼品店里看到过一套指甲钳，上面有南非著名化石普莱斯夫人的珐琅肖像。）明星化石的周边纪念品是其社会档案的一部分，也是其文化身份的一部分。

◎◎◎

但是，又回到了这个问题上，为什么某些化石会出名？哪些化石可以而且确实成了超级明星？而什么样的明星文化史会让某一化石有别于其他？

“既然要写一本关于著名化石的书，怎么能不写普莱斯夫人呢？”我向一位同事概述这本书的想法，列出打算写的化石时，她惊讶地问我：“或者阿迪？还有1891年的爪哇人？或者，利基家族在东非几十年间发现的随便哪个化石呢？你怎么能不写呢？”她很礼貌地没顺着发问思路再加一句，“这算什么书啊？”

这个问题当然问得有理。相较于许许多多占满了实验室、藏品库和博物馆的标本，我这里介绍的七个化石的出名方式有何独特之处？其他化石也有重大科学价值和文化意义……为什么它们没有得到这七个化石所享有的名气？

我之所以选择为这七个化石立传，是因为它们能说明科学发现是如何写进大众文化和科学精神的。这些化石诞生于精彩的发现故事，并在几十年来成功地引起了受众的共鸣。“（博物馆标本）生前的名声和死后的标志性地位，都不符合分类学规律。”博物馆历史学家塞缪尔·阿尔贝蒂（Samuel Alberti）指出，“它们不仅是标本，也是人物；不仅是数据，也是历史文献。”[3]换句话说，与化石相关的故事和传统——它们的文化身份——离不开诠释它们的人以及它们获得意义的方式。

这些类型的著名化石得到了简洁有力的绰号，进入了演化故事线，受到大力推介，可以说，很容易成为文化试金石。这些化石出现在日常媒体中，亮相在博物馆展览中，不断引发深层科学问题时，也有了文化需求。科帕诺·拉特雷（Kopano Ratele）指出：“要成为文化、学科或项目的一部分，骸骨需要诠释者——古生物学家、画家、雕塑家之类的人。”[4]著名化石让我们知道化石祖先是如何存在的。

不仅因为这七个化石都是著名的发现，还因为每个化石都在科学界和公众圈，讲述着一段或闻名遐迩或声名狼藉的故事：露西成了偶像；汤恩幼儿成了民间英雄；拉沙佩勒老人确立了尼安德特人的文化原型；皮尔当骗局成了要防备科研中先入为主的警示；周口店的北京人化石由于遗失后一直没有找到，像马耳他猎鹰一样消失在传说中，而增添了几分犯罪小说般的戏剧性色彩；佛罗与她的霍比特人身份几乎已经融为一体；而最近的化石明星源泉种，自2010年公布以来，便为了维护其严肃科学的声誉而开展公关活动。这些化石生动展现了考古发现是如何被接受、被铭记并名垂千古的，提醒我们，人类这个物种，它的过去是怎样以惊人的方式继续影响着当今的文化和想象力的。

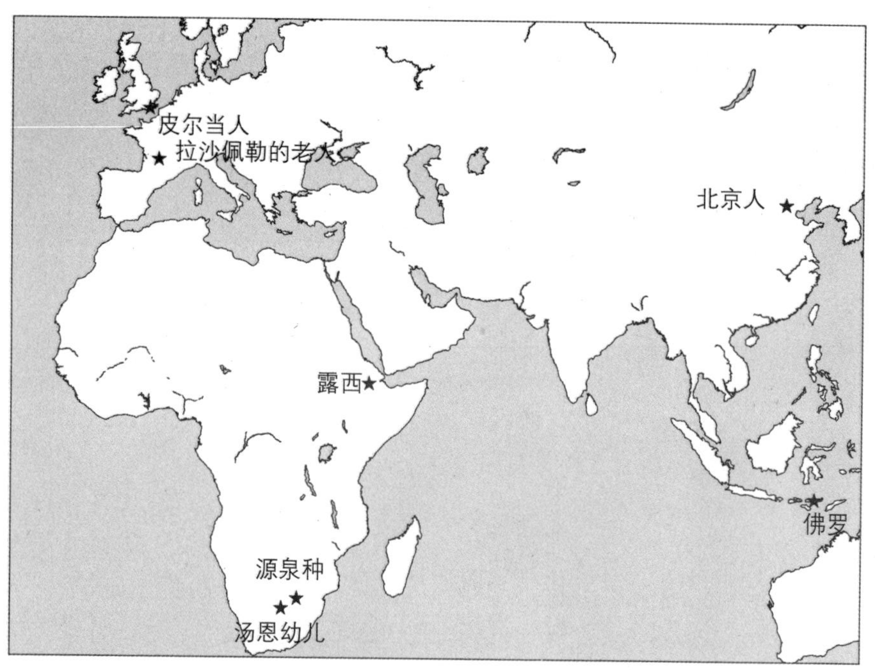

七个化石的发现地。（史丹·希伯特）　　本插图系原文原图

这些化石活得丰富多彩、生机勃勃，尽管名义上收藏在各个博物馆的储藏室里。这七个化石向我们讲述了智人出现之前，祖先演化的故事——

数百万年来关于适应性、选择压力，甚至是古环境的细节。它们证明了科学是一个社会和文化的过程——假说如何被评估、理论如何变化、技术如何成为不断变化的知识创造工具。化石的故事一遍遍讲述，文化意义一层层增加，化石的历史与我们的历史也越来越难解难分。

第一章

拉沙佩勒的老人：人类的陪衬

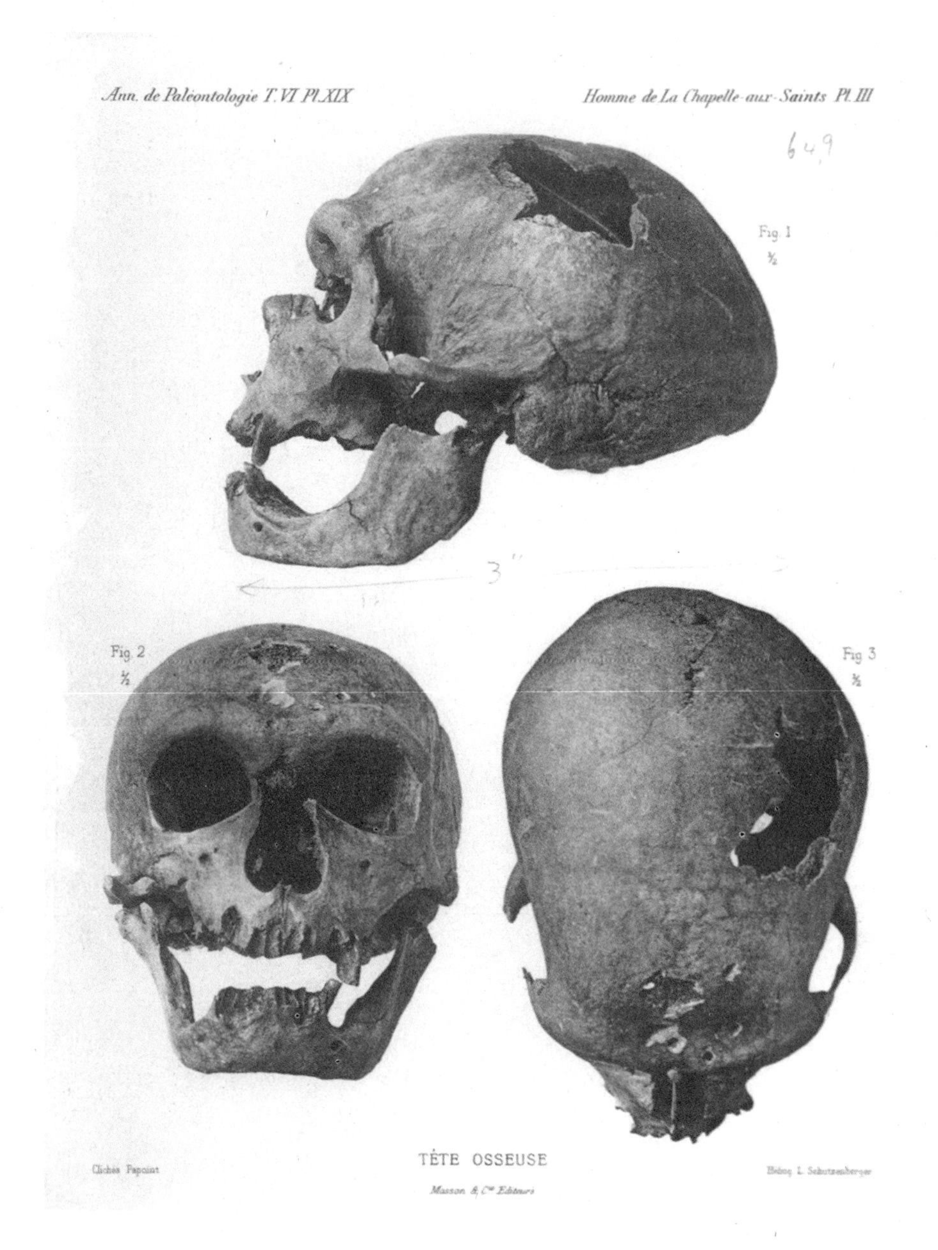

拉沙佩勒的老人。这些尼安德特人的钢笔画是由帕布万先生在马塞林・布勒的指导下创作的，并刊载于布勒1911年的《拉沙佩勒欧圣的人类化石》。

1908年8月3日，三名法国修道士在法国中南部发现了一具奇特的骨架。这三名修道士——阿梅迪·布伊松尼（Amédée Bouyssonie）、他的兄弟让·布伊松尼（Jean Bouyssonie）和他们的同事路易·巴东（Louis Bardon），都是史前考古学专家。当时他们正在对法国小村庄拉沙佩勒欧圣周围的洞穴进行考古调查。调查工作的目标是标绘和记录新的石器时代遗址——发掘过程中发现的任何文物都有可能增进人们对史前早期人类的了解。

布伊松尼兄弟和巴东的工作始于1908年7月，在勘察的第一个洞穴里，他们发现了石制工具和动物骨骼化石，这些遗迹强烈显示，该地区非常适合开展他们计划中对旧石器时代的研究。旗开得胜，几位史前学家加倍努力，开始了第二个洞穴的发掘。除了更多的古物和化石，考古学家们还做出了20世纪早期旧石器时代研究中前所未有的发现：一个埋葬坑，里面有一具完整的类人骨架。工人们剥离掉骨架周围的泥土层之后，修道士们看到，躯体呈胎儿屈曲状，膝盖抬至胸前。

随后几年的研究表明，这副骨架是一个患有骨关节炎的无牙老人。他并不是年迈智人，而是尼安德特人。这一物种与人类接近，首次发现于1856年，已经灭绝。尽管几十年来，在欧洲和北非各地的遗址中，一直有零星的尼安德特人化石被发现，但在1908年这几名修道士之前，还没有人找到过完整的尼安德特人骨架。他们的发现很快获得了“拉沙佩勒老人”的绰号。一百多年来，这副化石塑造、指导并影响了科学研究以及公众对尼安德特人的看法。

◎◎◎

在发现“老人”之前的50年间，古人类学和史前考古学的研究与20世纪初的1908年相比，显得非常不同。古人类学和史前考古学都是新兴的科学学科，关注的是人类漫长的演化史。19世纪中叶，对化石的解读是在自然史的框架下，借鉴自然史的方法论和理论框架进行的。因此，对有兴趣研究化石、了解物种变迁甚至灭绝的人来说，19世纪中叶是令他们兴奋的时期。例如，法国博物学家让-巴蒂斯特·拉马克（Jean-Baptiste Lamarck）认为生物体的后天特征是可以遗传的。查尔斯·莱尔（Charles Lyell）在他1830年至1833年出版的《地质学原理》中普及了苏格兰地质学家詹姆斯·哈顿（James Hutton）的均变论。1859年，查尔斯·达尔文（Charles Darwin）发表了《物种起源》。探险家们和业余博物学家们收集了植物学、生物学和民族志的藏品，展示了地球上丰富多彩的生命。大量涌现的博物馆从老一辈那里得到了许多奇珍异宝，组建了正式的机构，将新生命赋予了新收集来的动物、植物和化石收藏品。[1]

到19世纪末，自然史这项学术事业已经比过去几个世纪更有条理，所有新的科学工作都需要实地研究的实践基础。莱尔发表了地质剖面图，展示了阿尔卑斯山冰川运动的证据。达尔文饲养鸽子，以此为实验，为自然选择演化论收集证据。（1867年，他将120只鸽子标本全部捐给伦敦自然历史博物馆。）19世纪中叶也是尼安德特人研究的开端，这项研究是从19世纪50年代发现该物种开始的。对人类深远过往感兴趣的自然史学家开始系统地寻找物质文化记录——石器和人工制品，这是20世纪所谓考古学和古人类学方法论的发端。石器和人工制品以实物和数据丰富了新科学理论和新学科对于长时段人类历史的意义。

尼安德特人的故事始于1856年8月。当时在德国中西部的尼安德山谷，石灰石采石场工人炸开了费尔德霍夫洞穴的入口。工人们在碎石中发现了一具残骸，并将头骨碎片、臂骨、肋骨和部分骨盆交给了约翰·卡尔·福尔罗特（Johann Carl Fuhlrott），他是业余博物学家，也是埃尔伯费尔德当地的体育教师。（工人们认为这些骨头来自一只古老的洞熊。）福尔罗特曾在波恩大学获自然科学学位，这让他有能力鉴赏工人们给他的材料的独特之处。尽管很快就辨别出这些骨头属于类人生物（而不是熊科动物），他还是注意到这些骨头很不寻常。头盖骨非常厚实，与人类头骨的形状差别很大。此外，颅腔外壳细长，眼睛上方的眉脊尤为凸出。福尔罗特认为，这些骨头很可能非常古老，因为它们的矿物质沉积程度很高，而且其地层出处——在洞穴沉积物中被发现的位置——表明它们不是近期才进入的。

经过对骨骼的粗略检查，福尔罗特得出了结论：他需要另一种更专业的意见。因此，他将尼安德山谷的骸骨交给了波恩大学著名的解剖学教授赫尔曼·沙夫豪森（Hermann Schaaffhausen）。他所说的头骨的“原始”形态及其地质年代久远的证据令沙夫豪森印象深刻。（为了证实自己的说法，即这些骨骼材料确实来自很古老的地质环境，福尔罗特曾经仔细询问过采石场的工人。）根据沙夫豪森和福尔罗特的说法，这些骨头确实非常古老，而且肯定是类人的，但是与智人骨骼还是有着很大的不同。

除了人体解剖学方面的专长，沙夫豪森在科学界还广有人脉，能将这一奇特发现介绍给更广阔的自然历史学界。福尔罗特和沙夫豪森相信，莱茵河下游医学和自然历史学会分会在波恩召开的会议将是向感兴趣的听众介绍他们骨骼研究的良机，便于1857年6月在会议上公布了骨骼的发现及概况。他们共同提出，这些骨头代表了一个曾属于德国地区的古人类种族。“来自尼安德特的人骨，”两人提到化石发现地时写道，“他们在构造特殊性方面超过了其他所有化石，因此属于未开化的野人种族。”[2]

事实上，沙夫豪森在向博物学家组织作的报告中提出：“我们有充分的理由提出假设，人类曾经与大洪水中的动物共存。许多野蛮种族可能在史前便与古代世界的动物一起消失了，而组织结构得到改善的种族则延续了其种属。”[3]沙夫豪森认为，这些骨头属于一个已经灭绝的人类种族，但并没有特别指出，它们属于一个独立而截然不同的化石物种。近几十年来，古人类学家伊恩·塔特索尔（Ian Tattersall）博士指出：“回溯历史，我们才发现，沙夫豪森对化石的解读与演化论是多么接近，因为他把物种变异的概念巧妙地融入了论点中。”[4]1858年，沙夫豪森在《解剖学、生理学和科学医学档案》上发表了一篇关于尼安德特人化石的论文。1859年，福尔罗特在《普鲁士莱茵及威斯特伐里亚自然历史协会会谈录》上发表了一篇论文，描述了尼安德山谷遗址的地质情况，并叙述了骸骨的发现过程。两人都认为，尼安德特人生活在猛犸象和毛犀牛尚未灭绝时期的欧洲，因此其化石成了已知最古老的人类遗迹之一。

自不必说，这些化石在德国内外引起了很大的争论。德国著名人类学家鲁道夫·魏尔肖（Rudolf Virchow）断然否定了沙夫豪森对化石的解释。魏尔肖认为尼安德标本是一个病理异常的刚死去之人，他认为解剖学上的怪异之处，比如头骨形状和突出的眉骨，无须援引物种变异的说辞也能解释得通。魏尔肖是反演化论者，痛恨物种变异的观点，同时是当时德国生命科学界的领军人物，所以他的批评很有分量。除了魏尔肖的质疑，沙夫豪森在波恩大学的同事奥古斯特·梅耶（August Mayer）还对尼安德标本的生前进行了更为奇特的细致描述。梅耶称，这些骨头属于一个佝偻病患者。他因疼痛而不断皱眉，形成了眼睛上方的骨脊。梅耶认为，福尔罗特和沙夫豪森发现的不过是一个1814年在莱茵河畔停留的哥萨克骑兵逃兵的遗骸。[5]

1863年，爱尔兰戈尔韦女王学院的地质学教授威廉·金（William King）在不列颠科学促进会（今称英国科学协会）年会上发表了一篇论文，到这时，尼安德山谷的遗骸在科学界才获得了较为稳固的地位。金认为尼安德特化石属于一种已经灭绝的早期人类，还进一步宣称这些化石代表了新的物种——尼安德特人，这一物种与我们智人截然不同。（他的讲话在第二年得以出版。）就连著名的博物学家托马斯·亨利·赫胥黎（Thomas Henry Huxley）也支持福尔罗特和沙夫豪森头骨属于尼安德特人种的观点，并指出该头骨是“已知人类头骨中最接近猿类的”[6]。赫胥黎估计，颅骨碎片拥有“正常的”脑容量——与人类种群的一般水平相当——并提出，费尔德霍夫头骨与澳大利亚土著之间的相似度要远高于它们与任何现存猿类种群之间。凭借骸骨引起的巨大兴趣，尼安德特人这个物种启发人们提出了很多研究问题，从而在自然历史界获得了力量和存在感。

在尼安德山谷的标本——命名为尼安德特人1号，即该物种的模式标本——为尼安德特人建立了有效分类后，欧洲各地的博物馆开始重新审视自己的藏品。之前被认定为反常或者畸形智人的标本，现在被纳入了这个新物种中，并被命名为尼安德特人。作为一个“近乎人类”的新化石物种，尼安德特人为新兴的古人类学学科提供了大量用于研究的奇妙标本，其中有来自比利时英格斯的儿童头盖骨（发现于1829年至1830年）、直布罗陀福布斯采石场的女性头盖骨（最早发现于1848年），以及其他散落在欧洲博物馆收藏中的骨骼碎片。为了找到更多这样的化石，欧洲各地开始了认真的考古发掘，尤其是在20世纪前十年的法国南部，这些新的发掘地出土了大量尼安德特人化石。美国自然历史博物馆馆长亨利·费尔菲尔德·奥斯本（Henry Fairfield Osborn）也是古生物学家，1909年他开始巡游欧洲，参观了大量欧洲旧石器时代考古遗址，那时，几十个尼安德特人标本已经载入科学文献。

◎◎◎

尼安德特人作为化石物种的地位牢固确立之后，下一步就是解释其在演化图谱中的位置。尼安德特人从哪里来？他们的文化和技术是什么样的？为什么会灭绝？这些问题隐含着一种尼安德特人与现代人类的并列。还隐含了一个人类演化史的观点：有一个物种，也就是我们人类，成功了——存活至今，而另一个物种则不然。在20世纪早期的研究者们看来，这说明人类有一些独到之处——技术、文化、天赋，诸如此类——决定了人类必然会“成功”，而尼安德特人则注定“失败”。

在沙夫豪森、福尔罗特、金，乃至博物学家赫胥黎和达尔文之后的几十年里，人们耗费大量精力去评估尼安德特人到底算不算人类的问题。对尼安德特人的兴趣迅速风靡欧洲，吸引了地质学、古生物学和自然史（更不用说史前史）的研究者们。在法国，对“人类之古久”感兴趣的研究者们专注于探索和发掘很有可能发现旧石器时代材料的洞穴，以便从中梳理、拼凑出史前史的叙事。

到了1908年，为了更深入地了解尼安德特人及其考古遗址，阿梅迪·布伊松尼、让·布伊松尼和路易·巴东三位修道士来到了法国中南部多尔多涅地区的遗址，到了小村庄拉沙佩勒欧圣附近的洞穴。作为著名的史前学家，布伊松尼兄弟熟悉该地区的考古发掘情况，他们的调查工作是探索和挖掘该地区错综复杂的洞穴群。从他们的工作照中可以看出，该地区灰白色的石灰岩上开凿出了洞穴，斑驳的灰色石块间长出了植物，低垂在洞穴的入口处。山坡上零星点缀着灌木，寥寥几条小路纵横交错，但是洞穴却清晰可辨。[7]

当年7月，布伊松尼兄弟和巴东一起在拉沙佩勒地区勘察的第一个洞穴中，发掘出了石制品以及小块的犀牛角和脊椎骨碎片。在初期成果的鼓舞下，三位又将注意力转向下一个洞穴。这个洞穴不太寻常，泥灰岩地质特征，一路延伸到洞口处的泥灰岩表明该洞穴历史久远，完全满足了他们的考古兴趣。他们在初步发掘中发现了骨头和石头碎片，和第一个遗址中的发现差不多。然而，8月3日，他们开始发现更加令人兴奋的东西。他们扒开洞内沉积物，发现一个类似人类的头骨。布伊松尼兄弟和巴东继续发掘，找到了这具男性骨架的其余部分，他像胎儿一样蜷缩起来。他是就这样死在了洞里，随着时间推移最终被沉积物掩埋，还是特地被埋在这里的？修道士们认为，他们发现的其实是一座墓葬。发掘结果公布时，让·布伊松尼这样描述骸骨所处的环境："这个坑并非自然形成。"[8]那么"非自然形成"便意味着坑是有人专门挖的，尸体是有意放进去的。

因为担心遭到劫掠和侵入，他们很快完成了拉沙佩勒洞穴的挖掘工作。他们把骸骨和相关文物装进箱子里，把所有东西都运回位于拉罗菲的布伊松尼家。回去后他们开始考虑要把骨头送到哪里分析。布伊松尼兄弟是文物方面的专家，但在骨骼形态学和解剖学描述方面却是门外汉。像50年前的约翰·福尔罗特一样，他们知道，要想解释他们的发现，就需要解剖学和分类学专家的帮助。

回家后的当天晚上，也就是1908年8月3日，布伊松尼兄弟就写信给两

挖掘前的拉沙佩勒洞穴照片，拍摄于1908年。刊载于马塞林·布勒1911年的《拉沙佩勒欧圣的人类化石》。

拉沙佩勒洞穴考古发掘的照片，拍摄于1908年，野餐篮用于比例对照。刊载于马塞林·布勒1911年的《拉沙佩勒欧圣的人类化石》。

位著名学者——巴黎的法国著名史前学家亨利·步日耶（Henri Breuil）和图卢兹的艾米乐·卡太哈克（Émile Cartailhac）——请他们推荐能提供骨骼解剖学技术性描述的专家。步日耶是法国史前史界的权威，是地质学、史前史学和人种学方面的专家。卡太哈克最著名的成就是对西班牙著名的阿尔达米拉洞穴绘画的描述，而这些描述是他与步日耶在1880年完成的。步日耶回信建议他们联系著名的地质学家和古生物学家、赫赫有名的巴黎国家自然历史博物馆馆长——马塞林·布勒（Marcellin Boule）。

布勒在人类演化研究领域有着传奇般的声誉，他对拉沙佩勒欧圣遗骸这样的惊人发现无疑充满了兴趣。布勒本人在化石和地质学领域的研究和工作范围遍及欧洲到中东的广大地区，包括北非。他的专长是将遗址与地质地层联系起来，因此他能将考古发现归于合理的地质时间线。布勒还致力于科学和信息的传播——1940年之前，他担任《人类学》的编辑长达47年之久。1908年收到布伊松尼兄弟的来信之后，布勒立即同意研究拉沙佩勒骨架。该骨架于1909年年初运抵他的博物馆实验室。

与人们想象的不同，无论当时还是现在，将骨架送往何处进行分析的问题并没有那么简单。虽然布伊松尼兄弟相信，布勒在史前史和解剖学方面的兴趣和专业知识将为他们的发现提供科学有效的解释，但布勒与国家自然历史博物馆之间的职务关联也是个需要考虑的重大因素。20世纪初的法国，考古学和自然历史学与天主教神学都有着密切的历史联系，这样的联系在19世纪很典型。请谁研究以及在哪里研究，不光具有考古学意义，还具有政治意义。由于骨架是在村庄教堂附近发现的，而发掘者又是受人尊敬的神职人员，所以后来关于将骨架送往何处的讨论都是在跟教堂相关人员的斡旋下进行的。骸骨的另一个可能去处——人类学学院，对神职人员来说，就没有那么大的吸引力了。这主要是由于该学院激进的政治主张及其对唯物主义哲学的坚守，更不用说它的反教权主义态度了。该学院前院长阿德里安・德・莫尔蒂耶（Adrien de Mortillet）曾指出："形态和文化进步普遍规律的准则，古人类学和旧石器时代考古学是实现激进社会主义目标的政治武器，而人类历史是人类史前史不可或缺的组成部分和逻辑结果。"[9]这样的政治立场在修道士布伊松尼兄弟看来，至少也是令人反感的。

人类学学院也许具备研究拉沙佩勒尼安德特人的专业资质，但在科学和史前研究之间，它缺乏的是天主教会认可的地位。因此，学院的损失成了博物馆的收获，骨架被送到了布勒那里。

◎◎◎

接下来的两年时间里，布勒对老人的骨架进行了分析、素描和研究，并在1911年出版了《拉沙佩勒欧圣的人类化石》这部杰作。该专著是对老人的完整总结，从化石的发掘开始，以老人与欧洲其他尼安德特人标本的比较结束。章节中满满都是解剖学描述、认真细致的测量结果，以及标本和拉沙佩勒遗址的照片。

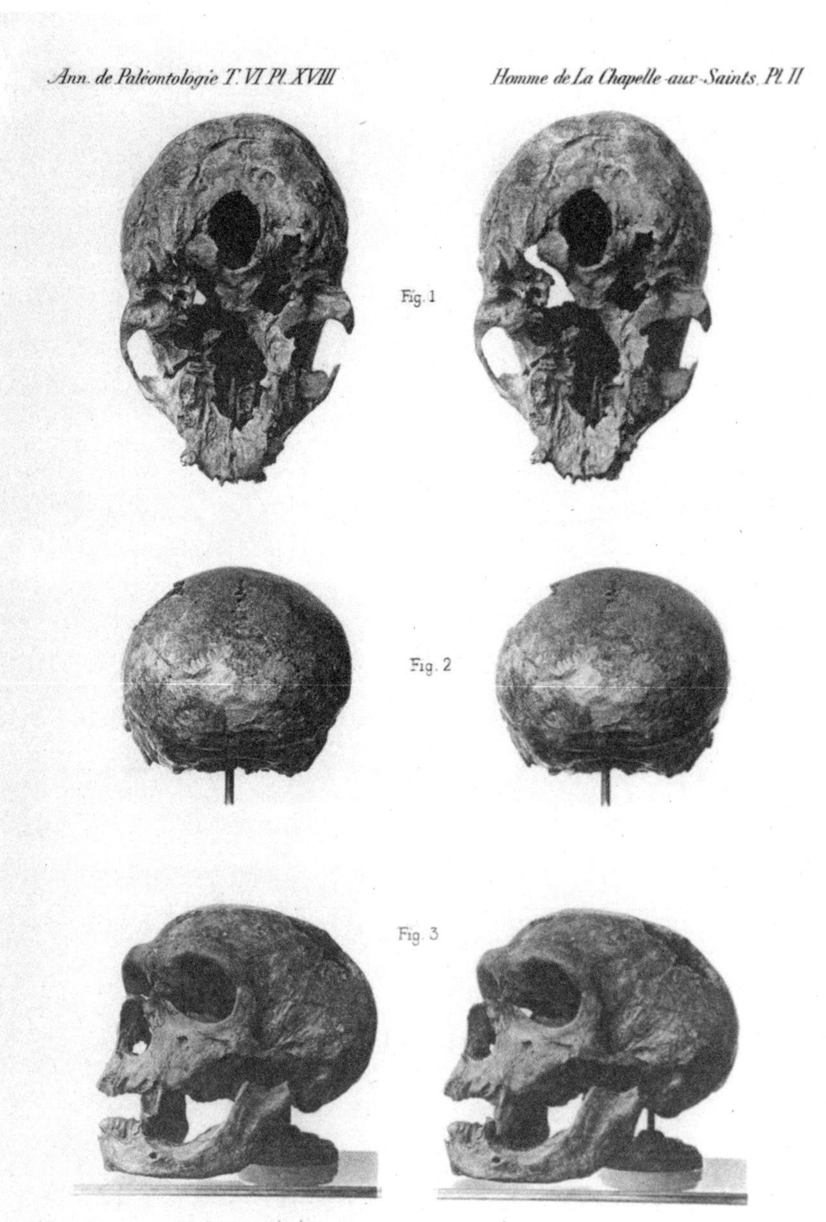

Ann. de Paléontologie T. VI Pl. XVIII
Homme de La Chapelle-aux-Saints. Pl. II
Fig. 1
Fig. 2
Fig. 3
VUES STÉRÉOSCOPIQUES DE LA TÊTE OSSEUSE
Clichés Cintract
Masson & Cie Éditeurs

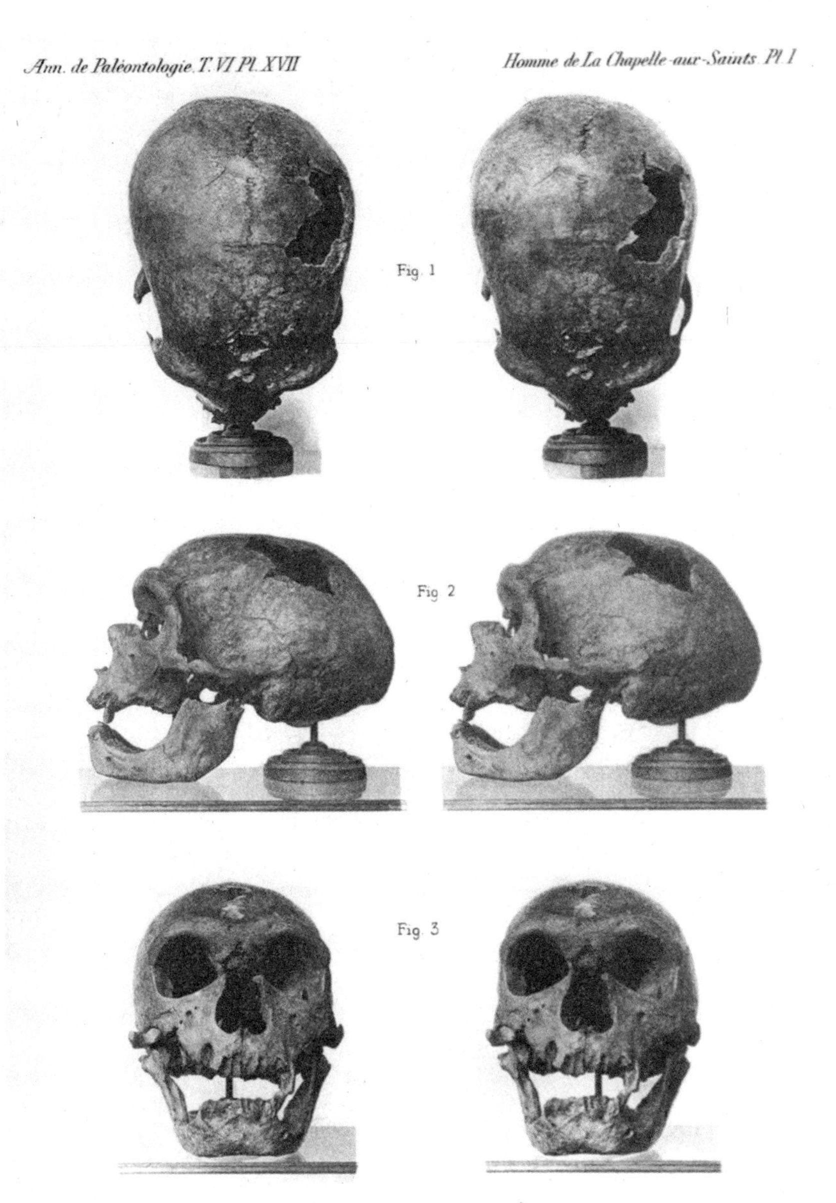

立体图像（上图和下图）使读者能够以三维方式“观看”化石。对拉沙佩勒尼安德特人来说，这意味着读者不必触碰化石模型，就可以“浏览”头骨。刊载于马塞林·布勒1911年的《拉沙佩勒欧圣的人类化石》。

书中的每一章都用表格展现了细致的测量结果和与其他尼安德特人的比较（大多数比较对象是1886年发现于比利时斯拜的尼安德特人），以及与其他类人猿种群的比较。在布勒的指导下，国家自然历史博物馆古生物学实验室的帕布万（J. Papoint）先生为该书提供了数十幅笔墨草图和摄影作品。草图中有老人和现代人之间的解剖学对比，还有在拉沙佩勒遗址最初发掘中发现的石器图。

书中还包含了16张骨架中每块骨头的精美细致的立体重印图——这是1911年的三维数据共享方式。19世纪末20世纪初，对于包括古人类学在内的多种学科，立体镜都是实验室和科学工作的重要工具。立体镜扩大了研究人员能够“看到”的事物范围，丰富了他们的观察方式，就像几个世纪前，望远镜和显微镜提高了其他科学的视觉可能性一样。一块立体板上带有同一图像的两个略有差异的视图，两个视图分别对准观看者的左眼和右眼。由于双目视觉的力量，大脑将这两幅图像“合二为一”，产生三维深度的错觉。[10]

布勒这部278页的著作内容翔实，其中的比较都是缜密思考的结果，而且他明智地使自己的研究与当时其他史前和解剖学著作保持一致。《拉沙佩勒欧圣的人类化石》是科学文献中第一本关于尼安德特人的出版物，也是最全面的一本，所以它为拉沙佩勒骨架确立了这样一个地位：每当发现新的尼安德特人化石，它是最完整的参考对象。这在很大程度上要归功于布勒的细致研究。虽然1856年德国的尼安德特人1号是物种模式标本——研究人员将其指定为最适合代表尼安德特人的化石，但是拉沙佩勒骨架很快成了研究人员的首选参考化石。

在布勒创作巨著的同时，法国的考古发掘工作也在加速进行。史前学家们意识到了洞穴的考古潜力，迅速在该地区开始了后续的发掘工作。到1911年，也就是拉沙佩勒发掘的三年后，多个研究团队在勒穆斯捷、拉费拉西和卡普布朗发掘出了遗址，并发现了几具史前骨骼。（事实上，为了填补拉沙佩勒标本的缺失部分，布勒使用了1909年至1911年发掘的一具拉费拉西尼安德特人骨骼的一部分。）这些后发现的拉沙佩勒骨骼当中，有一些很快被研究者归类为尼安德特人，依据是布勒创立的分类指南，而另外一些，比如在卡普布朗发现的，则在分类学上有些棘手。有了布勒对拉沙佩勒老人详细的解剖学和文化评估，之后发现的骨骼就有了一个对照框架。由于布勒对拉沙佩勒的描述和重建是20世纪初至20世纪中叶所有尼安德特人研究的基础，几十年间，他的结论一直没有受到质疑。

布勒对老人得出的结论到底是什么？《拉沙佩勒欧圣的人类化石》又是如何将尼安德特人描述为一个物种的呢？根据布勒的说法，老人是一件真正可悲的自然标本。他无法正常地直立行走，当然也不会有任何复杂的行为或者文化教养。布勒在重建这具骨架时，给它安排了一条严重弯曲的脊柱，使尼安德特人有了弯腰驼背的姿态。他还让老人的膝盖弯曲，头部向前突出。布勒认为，低矮的头盖骨（19世纪50年代曾引起福尔罗特和沙夫豪森兴趣的长方形形状）和巨大的眉脊表明，头盖骨和它所包裹的大脑还很原始，不如智人的先进，这意味着早期人类缺乏智慧和文化修养——这对尼安德特人的演化走向终结，做出了相当合理的解释。布勒重构了一个与其他四趾对立的大趾，像类人猿一样，尽管并没有令人信服的理由来支撑这个诠释。这只不过是另一个使尼安德特人有别于智人的解剖学特征。简而言之，布勒将老人描述成了如今看来典型的穴居人形象——不是动画剧集《摩登原始人》里魅力十足的那种，而是一个野性未驯、步态笨拙的类人猿，缓缓行进在冰川覆盖的欧洲。

20世纪初，布勒对尼安德特人的重建和解读吸引着各路科学家。布勒认为老人是人类演化链中缺失的一环（指出了化石的关键解剖特征），但他否认该物种是猿类和人类之间的过渡。这种特别的人类演化观意味着，布勒认为化石物种不一定是按严格的线性模式发展的，或者说，不是每个已灭绝的化石物种都可以按照祖先关系整齐排列，最终以智人结束。布勒的演化模型使研究者在思考模型时有了哲学和分类学上的灵活性。无论研究者倾向于哪种演化模型，这种方法都能够令尼安德特人可以而且应该在其中占有一席之地，而且布勒的仔细研究无疑为尼安德特人这一物种设定了预期和合理解读。以后对尼安德特人骨骼的任何研究，除了分析新发现的尼安德特人骨骼，还都必须理智对待布勒及其最初的解读。布勒的工作成了某种“类型”——关于如何完成骨骼解剖学的彻底检查、如何议定演化理论中的棘手部分，以及如何将化石融入更广泛的科学和大众文化环境的一个典型案例。

1909年，在法国多尔多涅地区，阿梅迪·布伊松尼、让·布伊松尼和路易·巴东在《人类学》上发表了他们在拉沙佩勒欧圣的考古发掘结果。由于在该地区挖掘得极为细致，他们从拉沙佩勒洞穴里收集到了一千多件文物。除了尼安德特人的骨骼之外，洞穴中还发现了其他哺乳动物的骨头：犀牛、马、野猪、野牛、鬣狗和狼，更不用说大量的石器了。布勒结束对老人的研究后，巴黎国家自然历史博物馆于1911年以1500法郎的价格收购了这具骸骨。布伊松尼兄弟又回到了他们在法国中南部的洞穴发掘工作中，并继续向法国史前学会贡献专著和手稿，直到20世纪50年代。[11]

尼安德特人的头骨在拉沙佩勒挖掘期间被移走之前的现场照片。发表于1909年7月的《宇宙》。类似的照片发表于布勒1911年的《拉沙佩勒欧圣的人类化石》。

那么，老人到底给科学界带来了什么呢？它是一整副标本，曾经身处墓葬环境中，是在原地精心发掘出来的——其他尼安德特人化石都不能真正算是通过考古发掘得来的。发掘它的是专家，研究它的是专家，它通过“正规”渠道进入科学文献，资历称得上无可挑剔。拉沙佩勒的发现可谓天时、地利、人和，老人是可以为古人类学这门新兴学科代言的著名标本。拉沙佩勒老人甚至成了比德国的尼安德特人物种模式标本——尼安德特人1号——更加符合科学和公众期望的参考模式标本，或者说是典型标本。

◎◎◎

老人使尼安德特人这个物种的宣传热闹非凡。20世纪初，艺术家、科学家和媒体组成了提升公众对尼安德特人兴趣的三驾马车。老人也抓住了公众的想象力，这在很大程度上要归功于一系列具有学术和大众影响力的报纸文章。（布勒本人也收集了一些剪报，叙述了他对标本的研究）。由于报纸印刷技术的变化以及义务教育的出现，以印刷品形式发表的文章有可能获得大量的读者，那是法国印刷新闻业的美好时代，而大量的读者可以也将会见到老人。报纸文章的整个地位经历了迅速的转变，将自己媒体来源的身份合法化，继而使发表的主题也得到认可。[12]

媒体不再仅仅是有教养阶级的工具。它具有影响力和权力，给在报纸上发表文章的科学家带来了相当大的名气和政治影响。发表在《画报》《伦敦新闻画报》和《哈珀周刊》等报刊上的拉沙佩勒欧圣尼安德特人的照片和重塑结果，成了“学术界”和“公众”的中间人——将科学思想传达给多种受众。凭借《伦敦新闻画报》上弗朗齐歇克·库普卡（Frantisek Kupka）那幅引起轰动的艺术作品——一只毛茸茸的类猿生物沿着洞壁爬行，老人获得了广泛的辨识度，为大众所喜爱。20世纪初杰出的古生物画家查尔斯·奈特（Charles Knight）的画作则以更加细致入微和引人深思的方式呈现了尼安德特人。现存于美国自然历史博物馆的奈特作品为观众展现了一个相当牵动人心的尼安德特人演化史瞬间，展示了具有狩猎技术的社会群体。[13]

尼安德特人的重构，弗朗齐歇克·库普卡作品，《伦敦新闻画报》，1909年。这一重构实际上已经成为20世纪早期人们对尼安德特人理解偏差的标志性例子。

随着布勒的科学研究走出实验室，进入报纸文章和博物馆，尼安德特人开始以其他方式引起公众的兴趣，特别是通过文学。老人在大众的想象中找到了一个有趣的位置，而这在很大程度上得益于羽翼渐丰的科幻小说。在儒勒·凡尔纳（Jules Verne）、赫伯特·乔治·威尔斯（Herbert George Wells）和其他早期科幻作家创造出的科幻天地中，充满了未开发的领地、达尔文主义和机械发明。对比利时作家约瑟夫·亨利·霍诺雷·布埃克斯（Joseph Henri Honoré Boex）和塞拉芬·贾斯汀·弗朗索瓦·布埃克斯（Séraphin Justin François Boex）兄弟来说，欧洲的洞穴和考古遗址为想象中的历史提供了一个完美的背景，而尼安德特人则是填充历史的完美物种。老人走出布勒的实验室后，布埃克斯兄弟立刻就把他写进了科幻小说里，让老人拥有了流行的、文化上的递归维度，这是布勒可望而不可即的。

1911年，两兄弟以罗斯尼（J. H. Rosny）为笔名出版了《寻火之旅》（多年后被翻译成英文），与布勒的《拉沙佩勒欧圣的人类化石》同年出版。（发表于1908年至1911年的关于老人的多篇短文为布埃克斯兄弟的小说提供了充足的尼安德特人素材。）科幻小说是一种强有力的体裁，通过对可能发生情景的推测，来探讨特定类型的科学史。它会选取一个发现（比如一个化石物种），提出假设性问题。而正是这种问题让读者对尼安德特人产生了兴趣。对兄弟俩来说，尼安德特人不仅仅是考古文物的总和，还是拥有动机、欲望、能动性和历史的人物。

《寻火之旅》的故事背景是，旧石器时代晚期，几个原始人类群体争夺火的掌控权。能够掌握、控制，以及最重要的——制造火的角色将成为演化中的成功者。1909年，已经有三种主要的化石种类在科学文献中得到了广泛的认可——爪哇直立猿人（发现于东南亚爪哇岛，今称“直立人”）、尼安德特人和“古人类”（杂乱无章的化石类群，粗略归类为非常古老的智人）。作者构建了一个文化进程，将“野蛮”与“文明”对立起来。这些早已灭绝物种的部落必须掌握文化行为才能演化成功。决定人类境遇的关键在于是否会用燧石生火。[14]

小说中，由于受到野蛮部落——直立人——的攻击，尼安德特人失去了储存的火种。在开头的一个关键场景中，乌尔汉姆斯人（文中尼安德特人的自称）已经失去了火种，部落首领法奥姆向天空举起双臂大喊：“没有了火，乌尔汉姆斯人会变成什么样子？他们在草原和森林中该如何生活？谁来帮他们抵御阴影和冬天的凛冽寒风？他们将不得不吃生肉和苦涩的植物，再也无法温暖四肢，只有软塌塌的矛头可用。狮子、剑齿虎、熊、老虎、鬣狗会在夜里把他们活活吃掉。谁来夺回火？”[15]

这部小说1981年被改编成电影，如今已成为小众经典。和小说一样，电影中，主人公一旦失去火，就必须重新夺回。人类——而不是尼安德特人——是唯一有智慧和能力掌控火的物种。然而最重要的是，对与火相关的天生才智的吁求——创造它，照顾它，并赋予它人性。（我的一位同事将

《寻火之旅》总结为“主演去露营。两个小时。没有对话”。）

布埃克斯兄弟对智人能够存续至今而尼安德特人没有的原因很感兴趣：是什么将赖以成功的演化优势赋予了这个物种，而不是另一个？在他们看来，人类成功的原因就在于技术和认知上的优势——人类拥有成功所需的工具和智慧，而尼安德特人没有。在布埃克斯兄弟出版小说一百多年后的今天，考古学研究对尼安德特人的生活给出了截然不同的解释。考古学家认为尼安德特人和智人一样聪明，拥有同样高超的技术和精妙的文化。解释虽然变了，但在我们的文化意识中，尼安德特人是不幸的穴居人这一观念，却还是那么根深蒂固，格外难以摆脱。《寻火之旅》刚出版时，布勒的作品也许曾经给了它科学上的可信度，但是这部小说反过来又将故事和生命赋予了布勒对老人的解释，而小说里的故事和生命比任何与化石相关的非虚构作品都要持久。[16]

◎◎◎

事实证明，在被发现、被描述，并在小说中获得不朽的生命之后，老人自己的故事还远远没有结束。直到20世纪中叶，科学家们还在继续对老人的骨架及其埋葬环境进行反反复复的审视。在最初的发掘和报告中，让·布伊松尼曾指出，坑并非自然形成。换句话说，布伊松尼认为，老人社会群体中的其他尼安德特人特意在洞穴的地面上挖了那个坑。对布伊松尼兄弟和布勒来说，“非自然起源”意味着这个地点是一处墓地，老人是被专门葬在这里的。

在书面描述中，布伊松尼附上了洞穴入口和拉沙佩勒村的照片。除了他认定为发掘成果一部分的物质文化遗存——石器和哺乳动物的骨骼，他还确证了洞穴的地质与地层完整性，从而确认了现场文物的价值，还提到法国地质学家皮埃尔·马特尔（Pierre Martel）也参与了该项目。马特尔在发掘开始后，立即对遗址的沉积序列和不同地层进行了研究。他认为，坑的形状和起点不可能是径流或者任何形式的冲刷作用的结果。该坑大致呈长方形，由西北斜向东南。它位于洞窟中部，距洞窟后壁约一米，埋在地表以下一米多一点。坑洞的横断面显示，洞顶不断有石块落下，大石块与其他沉积物混杂在一起。坑本身约半米深，显然是在下层基岩或者洞穴内地表开凿的——尸体和坑确实显示了墓葬的特征。[17]

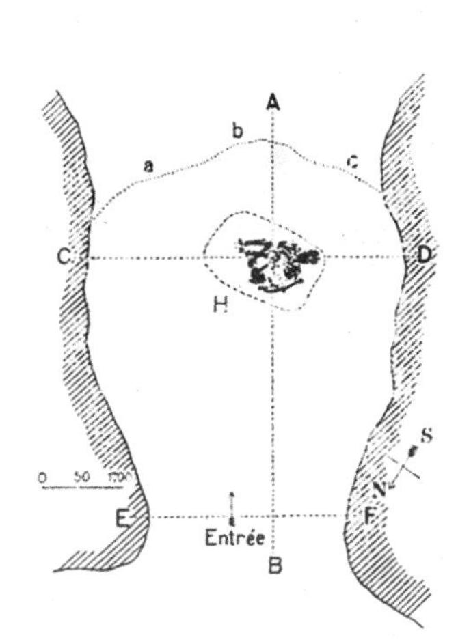

Fig. 4. — Plan de la grotte de La Chapelle-aux-Saints.

AB, CD, EF, directions des coupes ci-jointes : H, fosse où a été trouvé le squelette : *a*, *b*, *c*, limite des fouilles et de la couche archéologique.

Fig. 5. — Grotte de La Chapelle-aux-Saints; coupe longitudinale suivant AB du plan.

Fig. 6. — Coupe transversale suivant CD.

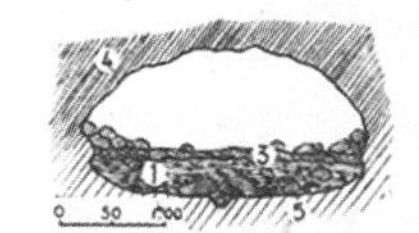

Fig. 7. — Coupe transversale suivant EF.

1, couche archéologique; 2, argile; 3, terre sablo-argileuse, meuble; 4, rocher (voûte, blocs éboulés) ; 5, sol naturel (calcaires et argiles verdâtres de l'Infra-Lias) ; 6, couche de terre brûlée.

阿梅迪·布伊松尼、让·布伊松尼和路易·巴东于1908年开始在拉沙佩勒欧圣进行发掘。他们的挖掘地图显示了发掘尼安德特人骨架的地点。刊载于马塞林·布勒1911年的《拉沙佩勒欧圣的人类化石》。

非人类物种埋葬死者的想法挑战了人们的行为观念和对人的定义。从虚空的定义角度来看，“人类”文化带给了我们某种演化优势，那么，承认“失败的”物种——尼安德特人——也有文化，就令人非常不舒服了。在长达一百多年的时间里，人类和尼安德特人之间的这种紧张关系——几乎是对尼安德特人的道德审判——一直凸显着我们对尼安德特人的看法。

到了20世纪50年代，人类学家开始重新审视布勒对老人解剖学和文化层面的结论——人类学家认为，也许他并不像人们想象的那样不幸。这种重新评估主要专注于两点：第一，重新分析拉沙佩勒骨架的形态；第二，重新评估尼安德特人文化中特意埋葬行为的含义。

1955年7月25日，人类学家威廉·斯特劳斯（William Straus）和亚历山大·卡夫（Alexander James Edward Cave）在巴黎对拉沙佩勒骨架开始了重新评估，这得益于他们参加第六届国际解剖学大会期间对巴黎人类博物馆的参观。原本他们的兴趣在于研究一件特别有争议的标本——丰特切瓦德头骨，但后来得知只能接触到标本的模型，而且不允许测量。[18]由于无法研究丰特切瓦德头骨实物，斯特劳斯和卡夫将注意力和好奇心转移到了存放于该博物馆的拉沙佩勒骨架上，获得了博物馆馆长勒斯特朗日小姐的许可。

斯特劳斯和卡夫为他们的所见而震惊。“我们完全没有料到骨关节炎会对脊柱造成如此严重的影响。不过很快就明白了，为什么重构拉沙佩勒老人时，布勒认为有必要借助斯拜、拉费拉西和其他尼安德特人的骨骼。”[19]换句话说，拉沙佩勒化石的残缺，加上骨骼上的严重病变，使这件标本的重构比较困难。像老人这样的尼安德特人个体，更适合被看作其他骨骼——“填补”拉沙佩勒遗失部分的骨骼——的集合体。

斯特劳斯和卡夫建议重新检查、测量和解释老人的骨架，有助于评估布勒重构尼安德特人举止、姿态和病理的合理性和准确性。除了尼安德特人生物学和文化上的问题，他们的研究还涉及了已经留下研究记录的大量其他尼安德特人骨骼。拉沙佩勒是第一具基本完整的尼安德特人骨架（1909年的拉费拉西遗骸紧随其后），而截至1955年，又有许多基本完整的尼安德特人被发掘出来，可用于研究——斯虎尔和塔本（发现于1929年至1935年，现记载为发现于以色列境内，但世纪中叶的文献显示发现于巴勒斯坦），伊拉克的沙尼达尔山谷，以及乌兹别克斯坦的特希克-塔什（标注为俄罗斯）。当然，还有英国考古学家多萝西·加洛德（Dorothy Garrod）1939年在直布罗陀发现的尼安德特儿童“阿贝尔”（Abel）。[20]

关于布勒的结论，斯特劳斯和卡夫最先重新审视的是老人的站姿和行走方式。布勒的描述是弯腰驼背，无精打采。斯特劳斯和卡夫认为，老人患有“变形性骨关节炎”——这是个体健康状况而非物种特征。[21]斯特劳斯和卡夫自己的研究表明，尽管患有骨关节炎，老人的身材本该高大得多，他的肩膀向后方倾斜，头与脊柱在一条线上。简而言之，拉沙佩勒的举止和姿势与布勒模型有很大不同。

但是，不同的姿势也意味着不同的文化。拉沙佩勒和其他“典型尼安德特人”的行为会是怎样的？我们会辨识出他们的文化和实践吗？这类问题开启了一系列关于尼安德特人文化中发声法、文化交流和利他主义的新研究。古人类学家和考古学家开始重新探讨尼安德特人是否具有这些特征，如果有，它们在尼安德特人的骨骼形态或者考古学记录中会留下怎样的印记？新的研究表明，很多被科学家们视为“尼安德特人独有”的特征实际上属于现代人类变种的范围——归根结底，尼安德特人与人类并没有太大的区别。

尼安德特人群体可以为其成员提供多大的帮助？这个利他主义问题出现时，研究通常都会回到拉沙佩勒标本。20世纪80年代，塔彭（N. C. Tappen）通过对老人牙齿的研究，严重质疑拉沙佩勒老人受助于其社会群体这一结论的合理性，声称骨架上的齿列“不是他（拉沙佩勒）群体利他行为的可靠证据”。[22]

科学家艾瑞克·特林考斯（Erik Trinkaus）博士更近期对整个骨架的评估表明，虽然拉沙佩勒老人确实患有退行性关节疾病，但由此造成的变形应该不会影响布勒最初对他姿态的重构。看来，布勒自己对早期人类先入为主的观念，以及他对尼安德特人属于智人演化队列假说的排斥，导致他重构了一个弯腰驼背、粗野残暴的生物，实际上把尼安德特人置于人类演化树的侧枝上。

“拉沙佩勒骸骨经常被认为是维尔姆冰期欧洲人的‘类型’标本，这些人被称为‘典型尼安德特人’。人们可以探究‘类型’标本的性质。”古人类学家罗纳德·卡莱尔（Ronald Carlisle）和迈克尔·西格尔（Michael

Siegel）指出，“几乎可以肯定的是，由于骨骼的完整，拉沙佩勒被认定为一个类型，然而它明显是一个原型，本身并不能说明它所属的种群内存在的变异范围。”[23]换句话说，我们已经把拉沙佩勒变成了一个原型。

到2014年，古人类学家威廉·伦杜（William Rendu）博士总结了拉沙佩勒的研究状况。“他（老人）去世的时候已经很老了，因为在他几颗牙齿脱落的位置，牙龈里都已经长出了新骨头，那几颗牙齿说不定已经掉了几十年了。事实上，他缺了太多牙齿，可能需要把食物磨碎才能吃。在他生命最后的几年，他社会群体中的其他尼安德特人可能赡养过他。最后，在波尼瓦洞穴中发现的骨骼碎片，分别来自最初的拉沙佩勒欧圣1号个体、另外两个年轻个体，以及第二个成年个体，它们凸显了比以前设想中更复杂的遗址形成史。”[24]那么，为什么我们一直把拉沙佩勒标本当作尼安德特人的原型呢？化石的科学和文化魅力超越了它作为博物馆中一件简简单单比较标本的价值，令它变成了一枚有故事、有历史、有身份的化石。

◎◎◎

20世纪和21世纪，随着越来越多的尼安德特人化石被发现和公布，他们是谁、他们如何生活、这样一个“差不多算人类但又不完全是人类的”物种意味着什么，诸多问题遍布各种媒介，无论是书籍还是博物馆。正如对尼安德特人的科学研究不断发展演化，20世纪初博物馆、文学和流行文化中对尼安德特人的表述也在不断变化。

早期的石器时代博物馆实景模型采纳了很多尼安德特人的文化模因。实景模型和重建成了将身体赋予化石的手段。化石的重建有了肌肉、皮肤、毛发和运动的可视化维度，给化石注入了一种单凭骨骼描述（无论多么详细）怎么也无法比拟的“真实”感。对无法将生命体原封不动保存下来（如动物标本剥制术）的化石来说，重建使像尼安德特人这样已经灭绝的物种变得容易接近和理解。让我们在脑海中迅速勾勒出原始人类的形象——有形的面孔和身体，而这具身体也在等待一个与之科学研究相配的动人故事。

重建的人类祖先身体会唤起我们的某些叙事，让我们把潜在的母题置于看到的人物身上。比起一块牌子或者铭板，实景模型向观众展示的，更多的是一段故事的语境和背景设定。

从历史角度看，是《寻火之旅》让布勒的尼安德特人叙事早早得到大众认可，而博物馆实景模型则起到了强化作用。到20世纪初，这一点再次得到了证实，当时弗朗齐歇克·库普卡用刊登在《伦敦新闻画报》上的素描作品让一个原始的、多毛的尼安德特人进入了大众视野。除了知识，博物馆里的尼安德特人实景模型还传达了特殊的偏见。最重要的是，在展览的表象之下，它们小心翼翼地讲述了特定的假设。

20世纪30年代，芝加哥菲尔德博物馆的"穆斯蒂埃人"（尼安德特人）实景模型，作为其史前人类系列的一部分。图片取自该博物馆的参观指南（菲尔德和劳弗，《史前人类》，旧世界石器时代展厅，芝加哥菲尔德自然历史博物馆，1933年）。

1933年7月，芝加哥菲尔德自然历史博物馆安设了八个实景模型，展现了当时欧洲多个考古遗址中"早期"原始人类的生活场景。这些由雕塑家弗雷德里克·布拉施克（Frederick Blaschke）创作的实景模型，代表了20世纪早期人们对尼安德特人史前史的许多假设，以及重建残缺不全的考古古生物记录时提出的猜测。特别是实景模型中对技术的诠释，间接为人类演化的成功和方向提供了强有力的论据。

在布拉施克想象的场景中，尼安德特人手握工具，但是严重缺乏灵活度——工具及其使用都显得很笨拙。这些弯腰驼背、没精打采的尼安德特人模型不仅将生命赋予了化石，更围绕着原始人类“应该”如何与物质文化互动，反映出一个有趣而微妙的论点。模型呈现了工具和工具制造者之间的脱节。尼安德特人根本没有任何在演化上令人信服的关键能力。没有复杂的工具，没有灵活度，没有发明“好”技术的独创性。布拉施克的尼安德特人实景模型固化了一种叙事，这种叙事捍卫了技术上的独创力在人类“成功”中的重要地位。在博物馆里见到这些栩栩如生的原始人类的人越多，尼安德特人的刻板印象在我们的文化想象中便越深刻。

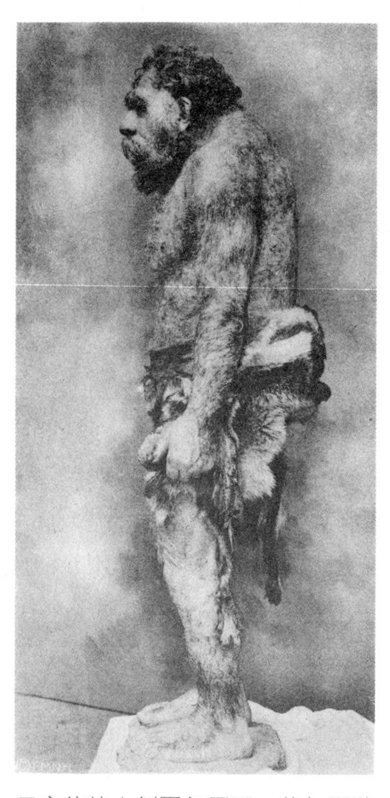

尼安德特人侧面复原图，芝加哥菲尔德自然历史博物馆，20世纪30年代。此尼安德特人反映了20世纪30年代人们对该物种的解读：驼背、粗脖子，非常符合马塞林·布勒的结论。（韦尔康图书馆，伦敦；CC-BY-4.0）

现代博物馆的展品正在改变我们的文化观念，让参观者更加准确地把握当前的考古研究。展品和实景模型有着令人难以置信的视觉持久力，能让参观者对尼安德特人有更加精准细腻的认识。例如，史密森学会的人类起源馆就简要展现了我们对尼安德特人不断变化的文化假设。2010年，人类起源馆开放时，除了展示发掘自伊拉克沙尼达尔的尼安德特人真实遗骸，还有另一个展览，参观者可以下载一个应用，“把自己变成早期人类”。（该应用名为MEanderthal，是“我”和“尼安德特人”两个英语单词的混合，应用的功能是把使用者的脸和重建的早期人类的脸合成一张。）古生物画家约翰·古尔切（John Gurche）将他为展览创造的尼安德特人重建形象描述为“一种行为复杂的人类……我想塑造一个有复杂内心生活的人。独特的发型……有内衬设计的鹿皮发带，暗示这个复杂的生命具备了象征性的思维层次。”[25]这与布勒1957年在他广受欢迎的教科书《化石人》中的描述相去甚远：“几乎没有比穆斯蒂埃人（尼安德特人）更原始、更退化的产业形态了……粗野的外貌——精力充沛而又笨拙的身体、长着巨大下巴的头骨……表明了纯粹的植物性或者兽性在精神功能中占据了主导地位。”[26]尼安德特人展品的变化——赋予他们“人性”——意味着，把化石物种看成和你差不多的人，要比看成某种演化怪物容易得多。

根据拉沙佩勒欧圣化石重建的尼安德特人。由法国巴黎戴恩斯工作室的伊丽莎白·戴恩斯重建。（塞巴斯蒂安·普拉伊/Science Source网站）

21世纪，博物馆并不是尼安德特人的公众形象得到修复的唯一手段。在《寻火之旅》出版近百年后，加拿大科幻小说作家罗伯特·索耶（Robert Sawyer）设想了一条另类的演化时间线，在这条时间线上，尼安德特人——而非人类——是更新世的演化“成功者”。在出版于2002年至2003年的“尼安德特人视差三部曲”（《原始人》《人类》《混血》）中，索耶提出：如果智人不是人属中唯一存活至今的物种呢？如果这段演化史发生在其他物种——

尼安德特人身上呢？如果尼安德特人用了三万年时间，创造了和我们一样的文化，而我们曾认为这是“人类”专属文化呢？而最具挑衅性的设想是，如果尼安德特人比我们更像“人类”呢？

在三部曲中，索耶铺陈了两个不同的地球——一个是我们传统上所知的地球，另一个是尼安德特人25万年前在原始人类中夺得主导地位的地球。在这个平行世界里，灭绝的是人类（或称格利克辛），而不是尼安德特人。尼安德特人物理学家庞特·布迪特（Ponter Boddit）通过萨德伯里中微子天文台的粒子物理实验室，在尼安德特人的地球与我们的地球之间打开了一个门户，设法穿行在两者之间，于是两个世界产生了交集。

在现实世界的考古学和古人类学中，科学共识认为尼安德特人是在大约三万年前灭绝的。原因五花八门，从气候的变化、技术的落后到智人革命性认知的出现——都是索耶在他的推测人类学中提出的假说。大多数关于尼安德特人灭绝的解释都离不开某种智慧火花，人类有而尼安德特人没有。然而，对尼安德特人的最新研究对这些存在已久的观点提出了严峻挑战。来自意大利、直布罗陀、葡萄牙和西班牙的研究表明，尼安德特人是复杂的原始人类，能够做出复杂的行为，甚至通常意义上智人独有的行为。

作为世界科幻小说协会赫赫有名的雨果奖获奖作品，《原始人》通过物种间的关系，探讨了尼安德特人与人类的互动和道德含义。索耶对细节的关注和他在古人类学领域的研究，使其作品与罗斯尼对拉沙佩勒的调查一样，体现出追求科学合理性的态度。索耶的细节——和罗斯尼的一样——是精心研究的结果，真实得足以使故事具有人类学的合理性。（在一处精彩的文学转折中，甚至人类主角的名字——路易丝和玛丽——都源自古人类学历史，是对古人类学家路易丝和玛丽·利基的致敬。）

◎◎◎

很难（即使有可能）找到一本书，将人类演化作为主题，却不提及尼安德特人的历史和意义。他们仍然是第一个被发现的原始人类化石物种，在过去的150年里，他们给我们提供了一个框架，让我们把他们当作一个角色、一个物种和一个概念来思考。

尼安德特人已经以“他者”（陪衬、替身）的身份被写进了演化叙事，与我们的文化形成了显而易见的对比，也是我们发现和解释了他们。没有一个文学专业的学生不知道，陪衬人物具有特定形象，并通过与另一人物的比较来强化这一形象。陪衬的存在，通常是为了突出主角。比如福尔摩斯和华生、堂吉诃德和桑丘·潘沙、杰基尔博士和海德先生。最有效的陪衬往往是通过比对两者的基本特征创造出来的。

陪衬角色想真正成功，必须与故事主角有共同之处。20世纪作家弗拉基米尔·纳博科夫（Vladimir Nabokov）认为，莎士比亚笔下的卡里班和爱丽儿便是互为陪衬的经典，表现了人类境况的两个相反方向。野蛮人卡里班：“你教我说话，我学到的只是诅咒他人；但愿红色瘟疫消灭了你，谁让你教我说你的话！”超凡精灵爱丽儿：“饶恕我，主人，我愿意听从命令，好好地执行你的差使。”[27]爱丽儿言辞恳切，卡里班则几乎是在咆哮——文明与野蛮赫然并立。在莎士比亚写下《暴风雨》四百年后，卡里班的野蛮丑态仍然无条件地被当成我们心中尼安德特人的核心形象。只有先把自己确立为人类演化叙事的主角时，我们才能想到他们。（索耶的科幻三部曲让读者思考，尼安德特人和人类，到底哪个才是真正的卡里班？换句话说，哪个“更像人类”？三部曲中，教人类如何做人的聪明傻瓜爱丽儿与卡里班互换了身份。）

今天，老人的骨头存放在巴黎国家自然历史博物馆，化石的图像出现在科学研究和大众欢迎的博物馆展览中。过去一百年里，老人及其同时代的尼安德特人同胞们经历了其物种定义的巨大变化——人类对自身的定义挑战着对尼安德特人的定义。尼安德特人相关探索和研究中的变化体现在了考古学、古人类学、遗传学和博物馆理论（如何向观众展示物种）中。在被发现后的某个时刻，老人从“它”变成了“他”。他有个性、有气质，也有目的。

拉沙佩勒欧圣1号“老人”需要一种特定的语境来理顺这个“似人非人”化石物种的意义。这不仅仅是简单地把演化当作一种变化机制，也不仅仅是接受尼安德特人作为独立物种的合理性。它使一种文化成分——隐喻或原型——在文化中变得显而易见、唾手可得。这种语境来自其他的文化典故和类比，来自使文化和科学无缝交汇的机制，而且可以阐释像尼安德特人这样的奇特物种。

尼安德特人发现史已经以多种方式，被讲述了很多次。可能很多人会根据阐释将那段历史定性为“缺失一环”，而包括文献在内的许多其他手段则可以让我们更多地了解到这个物种是如何被内化和使用的。事实上，19世纪的科学研究会借助类比和隐喻来解释化石，这也不算牵强。在文学人物和典故中寻找解释的做法表明了那一时期科学从文学中汲取了不少营养。这意味着不仅要解释尼安德特人的演化机制，还要具备文化意义。虽然拉沙佩勒的遗骸可能无法解释尼安德特人的所有行为，但是科学文献或大众媒体对尼安德特人的任何阐发都必然溯源到对拉沙佩勒遗骸的解释。

今天，老人的名气来自科学、历史，甚至滑稽模仿艺术的奇特组合——他是智人的系谱陪衬。“无论好坏，我们是在与尼安德特人的对比中审视自己。”考古学家朱利安·瑞尔-萨尔瓦托（Julien Riel-Salvatore）博士提出，“我们想看看自己是怎么脱颖而出的，然而最近的研究似乎回避了与智人直接竞争的问题。我们对物种的理解正在日臻精准，提出的假说不仅仅是对人类与尼安德特人互动的准生物学解释，也不仅仅是用严格的生物学决定论来解释尼安德特人的灭绝。”[28]

如今，老人不仅仅是其相关研究的总和——不仅仅是他的骨架，也不仅仅是简单的科学证据。在被发现后，他成了原始人类演化史的头号代表人物。如同一位尊贵的家族族长，老人主持着我们的演化故事。他是古人类学的第一个著名化石，不断在科学和大众的想象中产生着回响。

第二章

皮尔当：上等赝品，有名无石

查尔斯·道森拿着皮尔当头骨的模型，约1914年。（伦敦自然历史博物馆的受托人。经许可使用）

1912年2月14日，著名文物收藏家兼法律顾问查尔斯·道森（Charles Dawson），在他的家乡英格兰南部刘易斯市附近的皮尔当，偶然注意到巴克姆庄园近旁的一片砾石层稍显不同寻常，里面有一些骨头。在好奇心驱使下，道森写信给他的朋友兼同事，即伦敦大英自然历史博物馆地质学管理员阿瑟·史密斯·伍德沃德（Arthur Smith Woodward），讲述了他的发现。

"我发现了一个非常古老的更新世（？）地层，覆盖在阿克菲尔德和克劳伯勒之间的黑斯廷斯地层上，我觉得这很耐人寻味。"第二天的信中，道森写道，"它里面有很多带着铁迹的燧石，所以我认为它是威尔德地区已知最古老的燧石砾层。我（认为）人类（？）头骨的一部分［原文如此］，在齐心协力这方面能与海德堡人［原文如此］相媲美。"[1]

道森出版过内容翔实的两卷本《黑斯廷斯城堡史》，也是公认的古董爱好者。他是古文物学会和伦敦地质学会的研究员。多年来，道森一直在刘易斯周边地区收集化石，并把它们送交史密斯·伍德沃德和大英博物馆。不过，这些燧石制品和2月信件中提到的人类头骨碎片是另一种类型的珍品。几十年来，业余爱好者和专业收藏家都在英国发现过旧石器时代的物品，但是伴随这些文物出土的骨头当中，还不曾有过异于智人的更古老物种。

道森在信中提到的德国海德堡化石，是1907年发现的一块人形下颌骨，也就是后来所称的"毛尔下颌骨"，它将人类在欧洲生存的年代提前了。对史密斯·伍德沃德和道森这样对欧洲智人古代历史感兴趣的研究者来说，毛尔下颌骨可谓意义重大。这块化石的出现自然会引起史密斯·伍德沃德的兴趣。对英国古人类学界来说，发现更新世的古人类是一件前所未有的事情。英国确实有古人类的证据——来自地质学上较晚的全新世，但在道森发现之前，还没有发现过早至更新世的人类。鉴于此，伍德沃德对化石遗迹的兴趣可不止一点两点，于是开始组织对巴克姆庄园砾石坑的进一步发掘。

20世纪初是古生物发现层出不穷的激昂年代，化石同时吸引了科学界和公众的想象力。在最初给史密斯·伍德沃德的那封信中，道森还写道："是的，柯南·道尔正在写一本风格接近儒勒·凡尔纳的书，讲的是南美洲某个奇妙的高原，那里有一个湖泊，不知何故从'奥利特'时代就与世隔绝，里面有那个时期的古老动植物，不寻常的'教授'到访过。我希望有人能整理出他的化石！"[2]暂且不提阿瑟·柯南·道尔的南美化石问题，道森和史密斯·伍德沃德很难想象到，在东萨塞克斯郡的皮尔当，从那些非常古老的更新世床层里发现的人类头骨碎片，会轻而易举地成为人类演化研究史上最著名的——或者说最臭名昭著的——发现。在过去的一百年里，皮尔当的传奇和神秘大放异彩，相比之下，其砾石发掘地显得卑微而简陋。

◎◎◎

1912年，刚刚进入古生物学界的视野时，道森在皮尔当的发现确实很奇怪。首先，化石的解剖学特点令人费解——组合在一起之后，这块化石似乎同时拥有类猿的下巴和类人的头骨。这说明它可能是猿和人之间完美的"缺失环节"。头骨的形状和特征似乎凸显了人类特有的"巨大的脑"，并表明我们在演化史上很早就获得了复杂思维的能力。有了这些特征，它就为单线演化的说法提供了可信度，甚至是合理性。也就是说，人类是灵长类动物演化的终极顶点。皮尔当化石虽然零碎，但它提供了一则非常完满的古代智人演化故事。

然而讽刺的是，皮尔当化石其实并不是人类祖先化石，甚至不是"真正的"化石。20世纪50年代初，人们发现皮尔当化石只是一场骗局。它是上等的化石赝品，由真实但年代很晚的人类头盖骨、猩猩骨骼和黑猩猩牙齿拼凑而成，伪装成远早于其真实年代的化石。对20世纪早期的人类演化研究来说，皮尔当只是梳理人类祖先谱系的一个关键证据。到了20世纪中叶，皮尔当已经成了一项社会关键实验——立见分晓的检验，使用新技术和新方法，对抗人们长期以来认为它是祖先化石标本的观念。在发现后的一百多年中，皮尔当是一个未解之谜，同时是一则为迎合理论而捏造事实的警示故事。[3]

因此，皮尔当人仍然是古人类学中，人们投入研究最多，得到答案却最少的化石之一。40年来，这块化石一直是解释原始人类及其系统发生的锚点。但为什么如此？又是怎样形成的呢？这块化石是如何从一个“在齐心协力方面能与海德堡人相媲美的人类头骨碎片”变成一个有待解决的科学和社会问题的？为什么这块问题化石即使到了今天，在科学领域也仍然有不可思议的持久影响力？

20世纪的前10年，新兴的古人类学还没有多少化石可以用作研究依据。几个有名的化石分别是，法国的尼安德特人头骨、拉沙佩勒老人的骨架、德国的海德堡人下巴、欧洲各地的零星骨骼碎片、澳大利亚的某个头骨，以及其他来自各地的零星碎片。当年最具分量的化石是荷兰解剖学家欧仁·杜布瓦（Eugène Dubois）1891年在印度尼西亚特立尼尔发现的爪哇人（杜布瓦将其命名为直立猿人），统治了古生物知识版图长达几十年。

虽然20世纪初，人们在英国已经发现过许多旧石器时代的石制工具，但是没有任何一种人类祖先骨骼的证据，可以证明古远的地质时代英国曾有过早期智人。既然已经找到了早期人类的石器和其他证据，合理推断，接下来发掘一副与它们相配的古人类骨架（来自古老的地质年代更新世）应该只是时间问题。然而问题仍然摆在科学界面前：神秘难寻的英国“早期人类”骨架到底在哪里呢？

◎◎◎

在最初发现皮尔当样本，及随后道森1912年2月发出信件之后，为了让科学家们能够认真研究化石，化石及其发掘工作被施以严格的看管和保密，以防媒体窥探。同年晚些时候，查尔斯·道森将皮尔当的发现正式发表在《伦敦地质学会季刊》上。他在文中表示，早在1912年之前，他就已经对皮尔当遗址感兴趣了：

> 几年前，我在靠近弗莱钦（萨塞克斯）皮尔当公有地的一条田间小路上散步时，注意到这条路被修补过，而所用材料是该地区不常见的某种奇特棕色燧石……在我后来的一次探访中，有个人给了我一小块厚得异乎寻常的人类顶骨……
>
> 直到若干年后，1911年秋天，一次探访期间，在雨水冲刷过的碎砾石堆中，我捡到了一块更大的碎骨。它属于同一头骨的额部区域，包括左眉脊的一部分……因此，我把它交给了大英自然历史博物馆的阿瑟·史密斯·伍德沃德博士，请他进行比较和测定。他当即就意识到这一发现的重大意义，我们决定等到洪水退去便立刻展开全面细致的工作，在碎石堆和砾石中系统搜索，因为砾石坑一年中有五到六个月会多多少少地被水淹没。自去年（1912年）春天以来，我们因此放弃的时间与我们能够用于工作的时间相当，而且我们把剩下的碎石翻了个底朝天，还挖出并筛查了工人们没有动过的那部分砾石。[4]

1912年12月18日，这一化石发现的报告在伦敦地质学会的一次会议上发表。然而，报道那次会议的媒体都引用了道森的说法，他第一次发现头盖骨碎片是在“四年前”，这就把化石的“发现”时间定在了1908年。

也许更耐人寻味的是，道森声称，皮尔当的头盖骨碎片曾被砾石坑的工人意外打碎后丢弃，道森称工人们说这些碎片看起来像破碎的“椰子”。（地质学会文档中，他那一部分的原始注解为我们提供了一些与皮尔当有关的“椰子”故事的档案证据。）在其发表于《伦敦地质学会季刊》的文章《发现的简要故事》中，道森写道：“工人们发现并打碎了人类头骨。因此，后续的挖掘工作在碎石堆和他们接触不到的砾石底层同时开展。”[5]事实上，报纸上出现过两个版本的“椰子”故事。第一个版本讲述了道森先得到了一块头骨碎片，随后努力找回其他被丢弃的碎片。而第二个版本则说，所有状似椰子的标本都被丢弃了，然后道森又努力寻回这些部分。[6]

且不论化石发现的确切情况到底如何，收到道森的信后，史密斯·伍德沃德立即同意到现场考察，并认为有必要展开挖掘和正式调查。整个1912年夏天——根据史密斯·伍德沃德的妻子莫德女士多年后的回忆，史密斯·伍德沃德和道森自掏腰包——几个值得信赖的同事利用周末完成了第一次的野外发掘。史密斯·伍德沃德从伦敦南下，和妻子一起住在阿克菲尔德的铁路旅馆或者道森位于刘易斯市的家中。

在回忆录《最早的英国人》中，史密斯·伍德沃德描述了1912年挖掘工作中的一些趣事："土地所有者和农夫都允许道森先生勘探巴克姆庄园的砾石坑，但他们并不清楚他的目的。他只是表示对那里发现的棕色燧石感兴趣。因此，第一个星期，我们挖掘和筛选砾石的热情引起了附近居民的极大兴趣和好奇心。"[7]我们几乎可以想象出一个"唐顿庄园式的"场景：庄园的生活被一群在通往宅邸道路两旁挖掘的家伙搅扰了。"有人报了警。"史密斯·伍德沃德回忆说，"接下来的周一早上，当地警察出现在道森先生在阿克菲尔德的办公室（他在那里担任治安官的书记员），要求他提交一份报告。像之前遇到类似情形时一样，道森接待了那位警官，并从他口中惊讶地得知，'三个花花公子，其中两个来自伦敦，在巴克姆的砾石坑里拼命挖掘，谁也弄不清楚他们在干什么。'道森先生的尴尬可想而知，但他仍然保持着平静，心平气和地向警员解释："这一带有一些有趣的燧石，也许他报告的那些人只是在寻找这些燧石，不会造成什么危害。"[8]

法国著名的耶稣会史前学家和哲学家，国家自然历史博物馆的德日进（Pierre Teilhard de Chardin），于1912年春天加入了史密斯·伍德沃德和道森组织的发掘队。在1912年5月18日的一封信中，德日进描述了在巴克姆庄园的工作。"我忘了告诉你，道森最后一次来的时候（1912年4月20日），带着一个精心包装的大盒子。他兴奋地从盒子里取出了'刘易斯人'三分之一的头骨，那是他近几年在阿克菲尔德附近的某些冲积层（位于韦尔登）发现的。这块头骨当然非常奇特，呈深巧克力色，厚度尤其惊人（最薄处约一厘米）。遗憾的是，那些特征部位，眼眶、下颌等，都缺失了。"[9]

1912年的那次野外发掘，道森、史密斯·伍德沃德和德日进收集了骨骼遗骸、哺乳动物遗体和人工器具。工人们又发现了七块颅骨碎片、一个下颌的右半部分和两颗臼齿，以及少量的动物骨骼化石和石制品。从1908年道森在巴克姆庄园的最早一次收集算起，到1912年为止，发现的文物包括头盖骨和下颌骨碎片共十块，动物碎骨十块（主要来自古河马、乳齿象和马），以及归于旧石器时代的刮刀、钻头和其他石器等各类文物十二件。[10] 皮尔当头骨是一个孤立的发现，因为在村落或者该地区其他类似皮尔当的地点都没有发现过其他人类祖先的遗迹，但是与头骨和下颌一道被发现的，还有乳齿象臼齿和旧石器时代的工具，这就赋予了皮尔当人考古学背景，以及源自相关石器文物的真实性。

1912年至1913年的皮尔当野外发掘季，史密斯·伍德沃德雇用当地摄影师约翰·弗里斯比（John Frisby）拍摄现场和挖掘工作的照片，并为道森拍摄了一张相当正式的肖像，皮尔当化石也出现在了照片中。弗里斯比的照片展现了史密斯·伍德沃德和道森在现场发掘的情景，时而有不知名的工人一同出镜。（其中一张最著名的照片中，左下角有一只仪态万方的鹅。）雇用摄影师记录皮尔当地区的发掘工作，表明了该遗址对皮尔当研究团队而言有多么重要。

皮尔当故事的核心是皮尔当的野外遗址本身。在化石发现的早期，当古人类学界还在为皮尔当与其他原始人类化石发现的演化关系争论不休的时候，皮尔当采石场就如同一个有待阅读、解释和重读的文本。由于该遗址距离研究人类演化的学者聚集地相对较近——这是与爪哇、南非甚至法国农村的原始人类化石遗址不一样的地方——皮尔当成了研究者们可以前去探访和了解的实体场所。这种实体性，再加上著名科学家的报告和照片，为最初的化石发现提供了特殊的正当性。野外现场的存在又使化石拥有了难以挑战的真实性。拍照记录发掘过程是巩固这种社会正当性的另一种方式。

弗里斯比在皮尔当挖掘工作早期拍摄的照片当中，最打动人心的作品之一是查尔斯·道森的肖像，后来还被印成了明信片。肖像中，道森身穿夹克和挂着怀表的马甲，坐在椅子上，面前的桌子上放着化石。他左手抱着一个皮尔当化石重建模型，右手检查着一小块头盖骨。背景中，书架的玻璃门上倒映着树木。道森于1916年去世，他完全是懂行的化石收藏家，对古生物遗迹充满了好奇。照片还造就了一个有趣的故事框架——化石是零碎的，必须由人来重建或者取舍，古生物演变进程每个“阶段”的构建都掌握在人的手中。让人感觉道森在将化石从难以分辨的零碎岩石变成完全可以辨认的化石祖先。

◎◎◎

无论史密斯·伍德沃德和道森为发掘保密工作付出了多大努力，力求这一重大发现不为人知——再次强调，这是为了让他们有时间对化石进行细致的分析，到1912年9月下旬，英国媒体间还是流传着在皮尔当发现了“非凡头骨”的传闻。到11月中旬，国家级媒体都报道了这一消息。二人开始准备将化石正式提交给伦敦地质学会。

1912年12月18日星期三晚上，地质学会挤满了人，都盼着亲眼看到皮尔当化石。脑壳包含四块大的骨头，由九块碎片重建而成。除了化石，史密斯·伍德沃德还公布了他对化石的第一个重建模型，填补了化石原本缺失的面部、颅骨和下颌。在地质学会报告会上，史密斯·伍德沃德和道森提出了化石的学名*Eoanthropus dawsoni*——“道森黎明猿”，来纪念它的发现者。在场的许多人，如史密斯·伍德沃德、考古学荣誉教授威廉·博伊德·道金斯（William Boyd Dawkins），以及大英自然历史博物馆的相关人员，都对皮尔当化石的发现感到兴奋，因为它非常符合当时流行的科学理论，即较大的脑容量已经存在了相当长的时间。

史密斯·伍德沃德声称，这一发现指向了人类演化链中“缺失的一环”——由该化石重建得出的人类祖先拥有较大的脑容量，这也证实了智人文化（较大的脑容量是语言、符号学等复杂人类文化的必要条件）的深远意义。史密斯·伍德沃德的解读并非孤例。皮尔当化石被归入史前社会，随后几十年发现的许多化石（如1925年南非的汤恩幼儿）由于皮尔当的赫赫威名而遭到忽略。就连美国著名的古生物学家亨利·费尔菲尔德·奥斯本（时任美国自然历史博物馆馆长）也宣称该头骨和下颌骨完美契合，标本引人入胜。总之，皮尔当化石为人类演化提供了一个有证据支持的严整叙事。但是，即使在1912年皮尔当化石被揭开面纱时，该化石也远远没有作为古地质年代的单个个体标本，得到彻底的肯定。

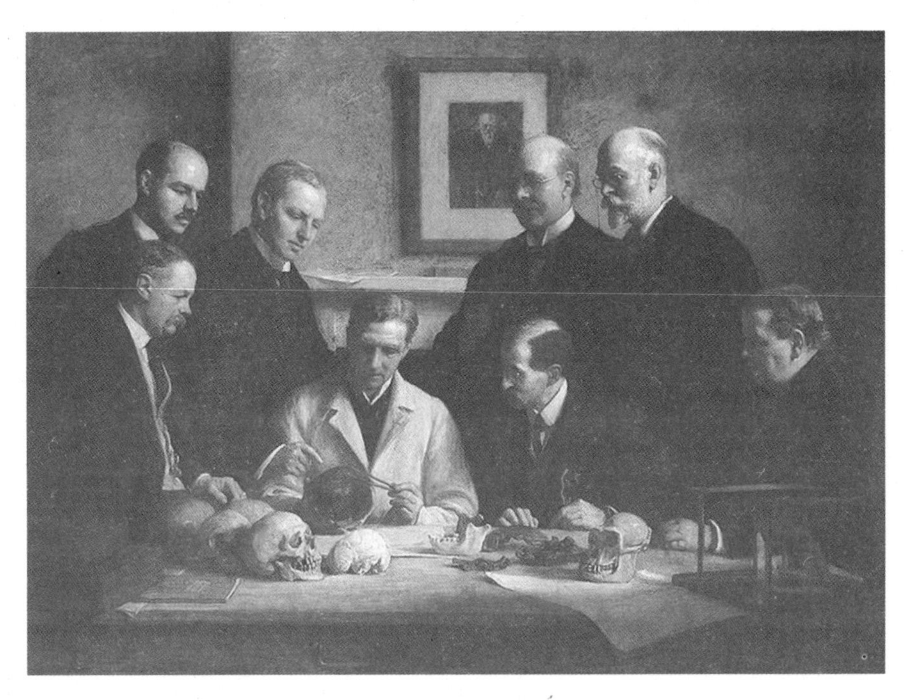

肖像：检查皮尔当头骨，约翰·库克，1915年。后排：巴洛、格拉夫顿·埃利奥特·史密斯、查尔斯·道森、阿瑟·史密斯·伍德沃德。前排：安德伍德、阿瑟·基思、威廉·普赖恩·派克拉夫特和雷·兰科斯特。注意检查人员身后的查尔斯·达尔文画像。

◎◎◎

第二个皮尔当野外发掘季没有了第一个的神秘感。1913年，皮尔当遗址迎来了蜂拥而至的游客，尤其是地质协会的爱好者们。事实上，无论对科学家还是普通民众来说，前往皮尔当遗址都很像踏上了假日之旅。照片显示，协会的女士们和先生们身着爱德华时代的华丽服饰，在遗址周围闲逛、野餐、观察发掘工作。

考古学家威廉·博伊德·道金斯是1880年经典著作《英国早期人类》的作者，他接受了史密斯·伍德沃德和道森最早对皮尔当的解读。“在我们认为人类应该开始出现的时代，人类出现在了英国和欧洲大陆。”道金斯1915年在《地质学杂志》上提出，“对出现时代的推测源自对第三纪哺乳动物演化的研究，也就是更新世初期，当时真哺乳亚纲动物种类丰富。或许也可以在现有物种稀少的上新世寻找人类。在更加古老的地层——中新世、渐新世、始新世，人类就只能以中间形态祖先的模样出现了。”[11]

20世纪初，古生物界最激烈的争论之一是，“类人”特征演化序列的发展以及这些特征在化石记录中出现的顺序。脑的发育在直立行走之前还是之后，对这个问题的探究占据了古生物研究工作相当大的比例。皮尔当化石似乎对这些重大问题都有发言权，并且被吹捧成了脑先演化的证据。

到1915年，尽管有一些反对者，但皮尔当已经在古生物界拥有了稳固的地位。事实上，皮尔当在科学界已经完全站稳了脚跟，无论是支持（通常），还是反对（较少），任何关于人类演化的理论或假说都必须提及皮尔当化石。“‘黎明人’，”1925年版的《旧石器时代的人类》中，亨利·费尔菲尔德·奥斯本这样称呼道森黎明猿，“是头部形状和脑容量已知的人类类型中最古老的。因此，它的解剖学特征以及它久远的地质年代具有深远意义，值得反复推敲。”[12]

之后的几十年里，各种科学群体对皮尔当的地质学和解剖学细节争论不休，而化石却凭借媒体铺天盖地的报道焕发了生机，并迅速成为博物馆展览早期人类板块的重头戏，而这要归功于注模和艺术家对化石的重建。与拉沙佩勒等欧洲旧石器时代遗址不同的是，皮尔当对于有兴趣亲自考察化石发掘地点的英国科学家们来说，交通相对便利，因为从伦敦到巴克姆庄园，不过是一趟火车的距离。

大英博物馆在1918年推出了《人类化石遗迹指南》，专门用来向游客介绍皮尔当。“如果承认图2(《人类化石遗迹指南》第11页）所示的骨器是皮尔当人制作的，那么就证明了皮尔当人不可能晚于更新世早期出现，因为这个骨器是由上新世晚期和更新世早期生活在欧洲的巨象（如南方象和古象）的大腿骨中段制成的。”[13]关于皮尔当化石及其发现地，以及在博物馆中展示方式的是是非非，意味着化石的社会性成功离不开人的投入。

PREFACE.

Mr. Charles Dawson's discovery of the Piltdown skull has aroused so much interest in the study of fossil man, that this small Guide has been prepared to explain its significance. Most of the known specimens important for comparison are represented in the exhibited collection by plaster casts; and near these, in the same and adjacent cases, are arranged both human implements and associated animal remains to illustrate the circumstances under which early man lived in western Europe.

Thanks are due to the Council of the Geological Society for permission to reproduce Figs. 4 (A, B), 5, 6 (A, B, D), 8–9 (A, B, D), and 12, from the Society's Quarterly Journal.

A. SMITH WOODWARD.

Department of Geology,
December, 1914.

P.S.—The only important change in the second edition of this Guide is the addition of the figure and description of a bone implement found in the Piltdown gravel (pp. 11, 12).

A. S. W.

Department of Geology,
April, 1918.

《人类化石遗迹指南》的序言，一本面向博物馆参观者的小册子，大英自然历史博物馆（今伦敦自然历史博物馆）地质部出版，1918年。

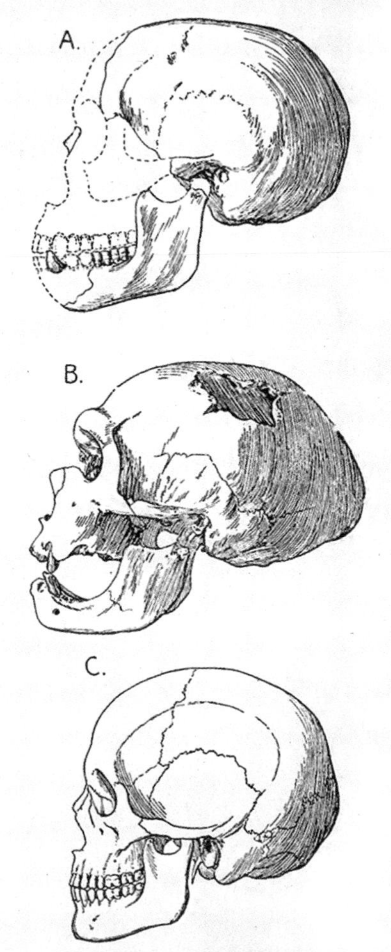
14　*Guide to the Fossil Remains of Man*

Fig. 4.—Left side view of the Piltdown skull (A), the Neanderthal (Mousterian) skull from La-Chapelle-aux-Saints (B), and a modern Human skull (C), the second after M. Boule; one-quarter nat. size. The lower jaw of the La Chapelle skull is altered in shape by the loss of the teeth and disease.

拉沙佩勒欧圣尼安德特人、皮尔当人和现代智人的比较，载于《人类化石遗迹指南》，大英自然历史博物馆地质部出版，1918年。

皮尔当化石发表之初，阿瑟·史密斯·伍德沃德先生和阿瑟·基思（Arthur Keith）先生分别制作了一个模型，而两个模型对皮尔当颅骨解剖结构的解释略有不同。1913年，野外发掘中出土了更多颅骨碎片后，科学界一致认为史密斯·伍德沃德的重建模型更有说服力，继而提高了史密斯·伍德沃德总体理论的可信度。（至今仍被用作教材或历史珍品的皮尔当模型就是基于史密斯·伍德沃德的重建。）有趣的是，皮尔当模型在科学界引起了一些争议，因为并非所有研究者都满足于研究化石的模型而不是化石本身。在1915年对皮尔当遗迹的评估中，史密森尼学会的科学家小格里特·史密斯·米勒（Gerrit Smith Miller, Jr.）便抱怨他不得不使用遗骸的模型开展研究。就算使用模型，米勒也得出结论，头骨碎片和下颌之间的差异太大，无法判定它们来自同一个体。米勒认为，头盖骨来自人类，而下颌则来自一种他本人提出的黑猩猩化石物种。

大多数受众是通过艺术和博物馆展览认识皮尔当化石的，而未必是通过化石的注模复制品。皮尔当的草图并不难看到——报纸上每一篇提到化石的文章几乎都会附上某种艺术性的皮尔当脸部涂鸦。不过，成为20世纪初古人类艺术流派和博物馆场景主宰的，是比利时博物馆管理员艾美·鲁托（Aimé Rutot）对这块化石的重建。该重建是一系列史前人类雕塑半身像的一部分，于20世纪10年代在比利时制作，在整个20世纪20年代得到广泛传播（以复制品或者照片的形式），正是这个重建成了皮尔当最为公众所熟知的面孔。[14]

Keystone公司对皮尔当的立体重建，原本是让人们“看到”皮尔当展览的一种方式。

当Keystone View公司将皮尔当作为教学工具列入其立体卡片产品的生物单元，鲁托的重建进一步深化了公众对化石的认识。这张卡片——“演化，早期人类：皮尔当”——让皮尔当化石在两个层面上直面公众的审视。鲁托的重建让化石有了面孔，而Keystone立体卡片更是加强了这个形象的易读性——不需要任何科学知识就可以使用该工具或者解读图像。皮尔当标本可以用于研究、拍照、素描，而模型则在科学、教育和博物馆等领域传播，给化石复制品带来了一种可信度，甚至是合理性。

◎◎◎

皮尔当似乎为英国人推动的、以英国为中心的人类演化观点提供了完美证据，然而这一发现的几个方面却让科学界的许多人感到不安。有些人质疑这些骨头为何刚好失去了最具判断价值的特征，而另一些人则担心化石所处的砾石坑并不是真有更新世那么古老。

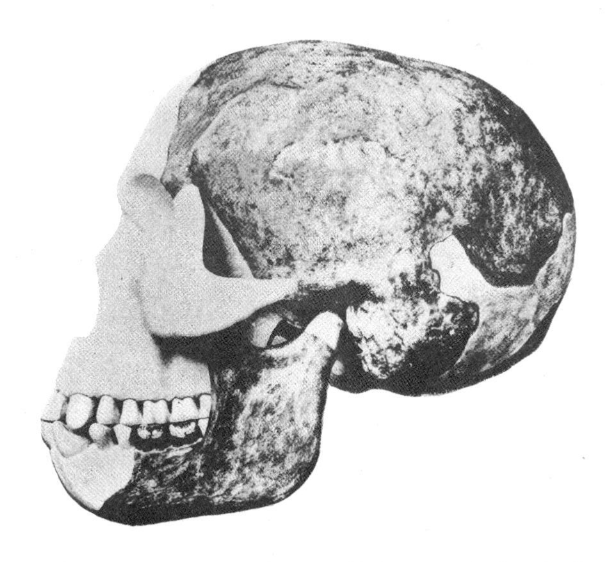

道森黎明猿——皮尔当人——的头骨。白色光滑部分是注模的重建部分，深棕色部分是皮尔当人遗骸的复制品。(韦尔康图书馆，伦敦)

科学界对皮尔当化石的反应也不尽相同，甚至在1912年12月的首次会议上也是如此。包括著名解剖学家阿瑟·基思和格拉夫顿·埃利奥特·史密斯（Grafton Elliot Smith）以及考古学家威廉·博伊德·道金斯在内的讨论者立即提出了关于化石的两个主要问题。首先，对头骨与下颌的关联性提出了疑问——收集到的碎片是否属于同一物种都不确定，更不用说同一个体了。其次，对于化石的年龄，意见也不一致——皮尔当化石是来自较晚的全新世，还是较早的更新世？如果可以毫无争议地认定砾石及周围物质来自较古老的地质时代（比如上新世或者更新世），那么从逻辑上来讲，从这些沉积物中找到的化石材料在地质学上也应该与较古老的物质相关联——这表明皮尔当化石合情合理，其年龄足以在原始人类谱系中争得一席之地。事实上，正如大英博物馆解剖学家格拉夫顿·埃利奥特·史密斯所说，为什么人们会认为："大自然玩了一个惊人的把戏，在同一砾石层上放了一个至今未知的更新世早期人类脑壳（没有下巴），显示出独特的猿类特征，也放了一个同样未知的更新世猿类下巴（没有脑壳），显示出独特的人类特征呢？"[15]

英格兰萨塞克斯郡的皮尔当人。重建半身像的3/4视图，麦克格雷格雕塑于1927年。（韦尔康图书馆，伦敦）

约翰·里德（John Reader）在其广为人知的《缺失的环节》一书中指出："专家们可能就皮尔当下颌骨和头骨的关联展开了争论……但是皮尔当遗迹毫无疑问地证明了，人类在更新世之初就已经发育出了非常大的脑。而这一点具有非常重要的意义。"[16]皮尔当之所以成功，最重要的因素是，这些专家把皮尔当化石的演化意义提升到了爪哇直立猿人和拉沙佩勒尼安德特人之上——因为皮尔当的脑更大，而且所在的地质环境也很单纯。皮尔当在英国科学界的稳固地位使化石很难被质疑，直到中国周口店发现了新化石［20世纪30年代末由弗朗茨·魏敦瑞（Franz Weidenreich）描述］，才为古人类学带来了更复杂的演化图谱。

到20世纪40年代末，学术界对皮尔当的批评愈加响亮。例如，考古学家阿尔文·马斯顿（Alvan T. Marston）于1947年在伦敦地质学会发表了一篇论文，他认为皮尔当的下颌骨和犬齿属于“纯猿”，这一说法如果属实，就意味着该化石不是人类的祖先。（马斯顿于20世纪30年代中期曾在英格兰肯特郡的斯旺斯科姆发现过一枚更新世的原始人类头盖骨。他作为高级业余爱好者参加科学会议，这在当时并不奇怪。）马斯顿的观点引发了大量讨论，并强化了原本的质疑，比如史密森尼学会的小格里特·史密斯·米勒之前提出的那些。大英自然历史博物馆的地质学家和古生物学家肯尼斯·欧克利（Kenneth Oakley）博士提出，也许可以用他自己开发的方法来测试皮尔当化石的氟含量，协助解决学界的疑问。

使用欧克利的标准测试皮尔当化石——可以是任何化石，这里特指皮尔当化石——意味着要比较现代、亚化石和特定年代的化石材料的氟含量。氟测试并不能得出一个绝对的日期，就像碳-14测试或者其他放射性测试一样，但它确实能够显示被测试的不同材料是否属于相同年代。如果被测试的材料含氟量相等，那就说明它们是同龄的，因为它们从环境中吸收了相同数量的氟。这一逻辑曾应用于19世纪末荷兰解剖学家欧仁·杜布瓦在爪哇发现的股骨、头盖骨和牙齿上，检测结果表明爪哇人确实是单一个体。欧克利测试皮尔当材料——头盖骨、下颌、犬齿以及样品中的其他哺乳动物化石——的方法让研究人员知道皮尔当化石是否真的像人们假设的那样，来自同一个体。

氟检测需要破坏一小部分化石，以便测量标本中的氟含量。1948年9月，经过几个月的慎重考虑，大英博物馆地质部允许欧克利及其同事对皮尔当化石的一部分进行取样分析。“古生物学收藏品中可能包含了具有重大科学意义的稀有标本，而身为负责人会经常面临这样的问题：该不该允许用酸处理、切片、去除碎片等方法进行化学分析，或者其他可能会损坏独特物品的方法进行研究。”大英自然历史博物馆地质部的保管员威尔弗雷德·诺曼·爱德华兹（Wilfred Norman Edwards）在1953年出版的《皮尔当问题的解决》中指出，“上一代人的谨慎态度无疑为他们的后代留下了许多化石，比如一些化石，在过去可能会因机械处理而遭到破坏，现在却可以通过最新的化学方法得到完善的开发。”[17]在《皮尔当调查》中，作者查尔斯·布林德曼（Charles Blinderman）这样描述取样工作：“这其实算不上一种亵渎，就好像在王冠宝石上钻洞似的，但是这些化石在两次战争中都受到了保护，躲过了德国人的炸弹，40年间没有被好奇的科学家们滋扰过，甚至公众也没见过它们的本尊，只见过模型。”[18]

第一轮氟测试表明，皮尔当人的化石年代相近，但与皮尔当出土的大象和河马化石年代不同。但结果也显示颅骨和下颌骨碎片之间的氟含量有差异。随后的化学分析测量了皮尔当材料中的氮，结果表明这些碎片的年代太晚，不可能来自更新世。皮尔当“化石”由三个现代物种的骨头组成——人类头骨、猩猩下颌和黑猩猩牙齿。在高倍显微镜下，下颌骨上的牙齿表面呈现出条纹——这表明，类人猿臼齿上的尖头被锉平，令人难以辨别其物种。凭借这种对“化石”的新检验手段，研究人员发现，整套骨头都被深色的铁溶液染过，使其看起来比实际更加古老。调查结果确凿无疑：皮尔当人是赝品。

“从掌握的证据来看，很清楚，参加皮尔当挖掘的杰出古生物学家和考古学家是一出精心策划的骗局的受害者。”人类学家肯尼斯·欧克利、约瑟夫·韦纳（Joseph Weiner）和威尔弗里德·爱德华·勒格罗斯·克拉克（Wilfrid Edward Le Gros Clark）在他们的发现报告《皮尔当问题的解决》中说，“不过，为那些认为皮尔当碎片属于单一个体的人，或者检查了原始标本后，要么将下颌骨和犬齿归于猿类化石，要么（隐晦或明确地）认为这个问题在现有证据下无法解决的人，我们还是要说，下颌骨和犬齿的造假技术非常高超，这一骗局的实施也是十足地肆无忌惮和莫名其妙，在古生物发掘史上可谓空前绝后。”[19]

不可否认的是，在曾经研究过这块化石的科学家中，皮尔当化石是个骗局的消息勾起了好多人的复杂情绪，尤其是因为皮尔当人已经牢牢扎根于演化谱系很久了。虽然欧克利和他的同事们揭开了皮尔当人的真相，但是对早期参与研究的上一代科学家们，人们还是充满了敬意。在黎明猿失宠的过程中，欧克利、他的妻子和博物馆的其他几个人去将他们的发现告知阿瑟·基思爵士——他本人也热切支持皮尔当是演化祖先的观点，告知的过程无不令人伤感。基思那时的书信让人感到他是一个虚弱的老人，字迹犹豫不决，歪歪扭扭——他早已从博物馆退休，但是仍对世界和他心爱的化石保持着好奇心。这几乎就像是告诉他某个同事去世的消息。不过，某种意义上，确实有个人死了。基思的生活和思考已经围绕着皮尔当运转了40年。在一个宁静而肃穆的时刻，基思说他很庆幸阿瑟·史密斯·伍德沃德爵士没有活到皮尔当骗局被揭穿的时候。

“不难理解，为什么史密斯·伍德沃德——连同其他许多人——会那样深信不疑。既然渴望在英国找到古人类的证据，他又怎么会怀疑自己亲眼看着从砾石层挖掘出来的标本的真实性呢？”科学史学家卡罗琳·辛德勒（Karolyn Schindler）博士的点评出色地阐述了发现的背景，“当然，还有一个问题：是不是史密斯·伍德沃德的显赫名望使人们轻信了这一发现？然而，大多数（尽管不是全部）参与皮尔当研究的杰出科学家，都毫不怀疑它年代的久远性。毕竟，谁会怀疑这样的骗局呢？”[20]

发现化石是个骗局后，所有人心中困惑不已的问题就是：谁？到底是谁实施了这个精心设计的骗局？

人们列出的嫌疑人名单很长——直到现在也很长。许多人认为可能性最大的是化石的发现者查尔斯·道森；还有人认为是著名科学家威廉·约翰逊·索拉斯（William Johnson Sollas）和阿瑟·基思爵士；还有人怀疑是考古学家、哲学家德日进；就连大名鼎鼎的阿瑟·柯南·道尔爵士也被人诟病参与过这个骗局，因为他曾多次到访该地。然而，大多数人怀疑的焦点还是查尔斯·道森。有人认为，道森一定是这场骗局的幕后黑手——他急切地想要得到科学上的认可，以及著名化石带来的名人效应。不过，几十年来，不同渠道都传来了对道森人格的支持。1953年11月25日，《泰晤士报》刊载过一封写给编辑的抗议信，寄信人是道森的朋友兼继子波斯尔思韦特（F. J. M. Postlethwaite）。他为已故的道森说话，为他的人格做证，回忆了自己1911年和1912年从苏丹回来休军假时观看道森发掘工作的情形——一切都是光明正大的——并声称道森绝不会加入这种见不得人的欺诈行为。“查尔斯·道森自始至终都是个非常诚实的人，对自己的研究也很忠诚，不可能成为任何造假的帮凶。他自己也被骗了，而且从新闻报道来看，熟悉他的人显然也持相同观点，其中不乏有名望的科学家。”[21]

◎◎◎

在化石骗局被揭穿的那一刻，科学界和大众都需要努力去理解这个将那么多人愚弄了那么久的精致骗局。一些科学家——包括揭穿骗局的韦纳和欧克利——开始写专栏文章，拼凑口述历史和皮尔当事件所有相关者的采访。肯尼斯·欧克利也许比其他任何皮尔当的研究者都更加积极地收集相关历史材料，以图解开皮尔当之谜。在采访道森办公室的一位法务助理时，这位先生回忆了几十年前，在皮尔当野外发掘时与一位业余博物学家合作有多么困难。“查尔斯·道森先生有时会用办公室的水壶煮标本。这种情况下，我就不得不推迟泡茶的时间。”[22]

化石作为人类祖先的时候多么有趣，被揭穿为骗局后，就变得多么下流而撩人。皮尔当的社会影响力远远超过了任何形式的氟或者化学测试，因此，“皮尔当”在骗局被揭穿后的几十年里一直影响着人们，甚至包括那些在标本的科学评价中没有任何科学或者专业利益相关的人。在通俗语言中，“皮尔当”已经成为精心设计的“欺诈”或“骗局”的代名词。

皮尔当的全部公众生活都零零碎碎地反映在了日常恶行当中——写给

编辑的信里，对朋友或者同事名誉遭受的诽谤义愤填膺地抗议；奇特的历史讽刺作品和诗歌；取笑化石及其崇拜者的漫画。在大英博物馆的皮尔当收藏中，有一个标有“幽默”字样的文件夹，其中大量的文件和草图讲述了化石及其故事中轻松的一面。1954年，肯尼斯·欧克利的同事莫里斯（N. P. Morris）先生用一首诙谐的散文诗讲述了皮尔当的整个故事：

大概四十年前，皮尔当的骨头
在一些砾石、木棍和石头中被发现。
经过相当长的一段时间，组装到一起之后
新闻界公布了著名的皮尔当头骨。
于是黎明猿声名远扬
（连同它的学名）
因为那时候专家们大胆地认为
他们真的找到了缺失的一环。
整个世界大为震惊
因为知道祖先原来是这般模样。
不过，大体上，他们又平静下来，
扔掉了对高贵血统的期望。
但是，随着岁月的流逝，专家们——
考古学家们和人类学家们——
越来越相信他们被骗了。
那个“黎明”什么的，其实是个问题儿童。
下颌骨，根据他们的测试
来自现代猿类，根本不是化石，和其他几块一样。
这无疑证实了那个疑难，
皮尔当的下巴严重脱臼，
战斗和之前一样激烈，

因为皮尔当（它的图片再次上了媒体
只不过换上了本不该有的下假牙）
不再掌握着演化的关键。
还远远没有满足的科学家们，
去了萨塞克斯，受害者的“死亡”之地。
从水和周围的砾石中
他们对他的国籍产生怀疑。
非洲人？民主党人——难道是？
他的政治立场，谁知道会是什么呢？
这么多年来，这个名声在外的坏种
曾向英国王室寻求保护。
（因为放射性试验已经揭开了
一些从古至今不曾公之于众的事实。
而X射线分析已经展现出
聪明的家伙能对骨头化石做出什么样的事情。）
于是，此刻带着英国人特有的镇定自若
我们为他吟唱最后的安魂曲。
但是那位笑到最后的才是笑得最久的——
骗子的魂魄还没有束手就擒呢。[23]

这首诗凸显了皮尔当传奇中轻松的一面，并向我们交代了皮尔当之所以成为皮尔当的所有重要元素。学名、猿类、问题儿童、缺失的一环、名气、聪明的家伙、萨塞克斯、放射性试验、英国人的镇定自若。幽默、机智和讽刺在皮尔当的故事中扮演的角色，和化石的氟测试与博物馆的展示一样重要。当公众开始接受这是骗局，皮尔当的故事随之成形，化石的身份也开始发生变化。

对这场骗局应该作何回应的问题摆在了英国政界和科学界的面前。事实上，在骗局的消息传出后仅仅几天，下议院就有一项与皮尔当有关的动议，是由一位议员“代表数十年来失望的小学生们”提出的。动议内容是：“除了下议院发言人，本院不信任大英博物馆的任何受托人，因为他们迟迟没有发现皮尔当人的头骨有一部分是假的。”这个动议毫无通过的可能，发言人带着压抑不住的笑意，指出“尊敬的受托人除了检验很多古老骨架的真伪，还有其他很多事情要做”[24]。

大英自然历史博物馆发现自己被推到了聚光灯下，不仅要接受代表失望小学生的下议院受托人的质询，还要与自然保护协会打交道，该协会在1953年刚刚将受保护地位、资金和正统性赋予皮尔当遗址，指定它为英国考古遗产的国家级重要遗址，这一地位很快就被悄然撤销了。1954年11月24日，《晚间新闻》播报了一则题为《皮尔当遗址被收回》的新闻。（不过，该遗址于1957年4月被正式赠送给自然保护协会。）

博物馆甚至不得不想办法对付那些阴谋论分子。他们就像木头里的害虫似的，冒出头来提出他们对皮尔当问题的“解决方案”。例如，某位阿尔弗雷德·舍尔（Alfred Scheuer）先生就好生恶心了一番博物馆的工作人员——用拼写有误、字迹难看、不着边际的诽谤信向那些与皮尔当有关的人发难，声称博物馆还伪造了其他的发现——最终工作人员决定不再回复舍尔的疯狂信件。在博物馆的“舍尔档案”中，有一份1967年4月28日的文件，来自秘书罗斯玛丽·鲍尔斯（Rosemary Powers）：“欧克利博士：杰赛普先生带来了他和舍尔的这封书信，这样的话，万一那个讨厌鬼再冒头，我们就可以拿它来压制他了，已经三年没有他的消息了，很高兴。附上旧档案号AL1955/10。”[25]

比起演化祖先地位的改变，皮尔当的照片和肖像在标本的生命历程中发生的变化更加显著。欧克利和他的同事们展开对皮尔当的研究后，化石就被实验室设备包围了，并被拍摄下来。科学家们不再西装革履，把化石捧在手中，而是穿着实验室白大褂使用仪器与皮尔当互动。皮尔当不再是“皮尔当人”，人类的祖先，它已经变成了一个标本、一个有待探测和研究的科学对象。从20世纪50年代开始，报纸刊登关于皮尔当的报道，使用的都是标本在实验室环境中的照片，公众对皮尔当的看法也受到了这种媒体镜头的影响。

◎◎◎

那么，在公共和科学空间里，对于皮尔当这样的事物，哪里才是合适的位置呢？博物馆里？也许吧。标本当然很有名，也是古人类学历史的重要组成部分。然而，如果说博物馆作为一个机构，其职责是将一定的可信度和合理性赋予它所展示的材料，那么展示皮尔当，哪怕是皮尔当的模型，便是值得质疑的行为，尤其是在没有适当背景的情况下。

尽管皮尔当是一块假化石，但一些博物馆仍选择将其作为古人类学历史的一部分进行展示。南非斯泰克方丹的展览允许参观者把皮尔当看作一个重要的发现。（莉迪亚·派恩）

《骗局、神话和谜团：考古学中的科学和伪科学》一书的作者肯尼斯·菲德尔（Kenneth Feder）回忆了他曾经前往伦敦自然历史博物馆的经历，本想在皮尔当的博物馆“老家”看看它。“我在博物馆的陈列柜里找不到那枚化石，便找到前台的一位女士，问她在哪里可以看到皮尔当遗骸。”他解释道，“‘哦，那个不对外展示，先生。’接着相当高傲地告诉我，‘它完全是垃圾，你知道的。’”（菲德尔在注释中提到，皮尔当遗骸偶尔也会被拿出来展示，尤其展览主题为考古赝品时。）[26]这就引出了一个问题，除了贡献一些历史奇闻，这些模型还有什么作用呢。例如，位于人类摇篮南非的斯泰克方丹博物馆向观众展示皮尔当模型时，做法就很有意思。模型标签上写着：“皮尔当。头骨赝品。萨塞克斯。”

这场骗局何以能维持那么久（40年），以及皮尔当对古人类学（无论过去还是现在）具有什么意义，如今几乎每一位古人类学专业人士——当然也包括古人类学爱好者，都有自己的一套看法。因此，讨论皮尔当感觉有点像要求别人分享他对登月骗局或者肯尼迪之死阴谋论的看法。连我去自然历史博物馆档案馆查阅皮尔当档案时，也收获了一向专业的档案馆馆员礼貌的微笑。他们推来满满三车皮尔当资料后，会不由得感叹：这些档案“总是非常受欢迎”。我觉得自己好像刚刚索取了光明会的秘密档案。

但是，我们想弄清楚谁是这场骗局的幕后黑手，以及他为什么如此成功，这就是我们时至今日仍然在谈论皮尔当的原因。2012年，为了纪念化石发现一百周年，15名与伦敦自然历史博物馆相关的跨学科科学家组成的团队——自称皮尔当派——召开会议，意图像警察调查陈年旧案一样调查造假事件，从而最终揭开皮尔当之谜。这支由古人类学家、考古学家、古生物学家，以及遗传学家和博物馆馆长组成的科学家团队，采取了一种非常21世纪的方法来破解化石赝品的谜团。他们把整个事件当作对艺术犯罪的调查，而不是阿加莎·克里斯蒂（Agatha Christie）的推理小说情节。之前几十年的努力主要专注于确定骗局的主谋，而21世纪研究法则致力于了解造假的社会语境。仅仅找出是谁制造了这场骗局，远不足以揭示它在古人类学自身历史中的存在所具备的复杂性。“皮尔当难题令人着迷，彻头彻尾地令人着迷。”考古学家西蒙·帕菲特（Simon Parfitt）博士在接受《演化》杂志采访时坦言道。

在皮尔当派的会议上，自然历史博物馆馆长罗伯·科鲁斯钦斯基（Rob Kruszynski）博士提供了这桩旧案的概要，其中的材料经过大量的科学测试，包括60年来近20种不同形式的分析。1953年，氟和放射性碳的测试揭露了这一骗局后，各式分析数量猛增。这些新的测试和方法——共聚焦显微镜和电子计算机断层扫描——为日益丰富的皮尔当文献提供了更多新证据。有机会使用全新的方法分析和解读这样一个著名标本，无疑具有特殊的社会意义。

◎◎◎

与老人一样，在严格意义上的科学出版物之外，皮尔当“化石”也催生了大量的文学作品。在1972年出版的《皮尔当人》（*The Piltdown Men*）一书中，罗纳德·米勒（Ronald Millar）极其详尽地介绍了整个故事，任何琐碎细节都没有落下。皮尔当典籍中的其他重要作品包括约瑟夫·悉尼·韦纳（Joseph Sydney Weiner）1955年出版的《皮尔当伪造》（*The Piltdown Forgery*）、查尔斯·布林德曼1986年出版的《皮尔当调查》（*The Piltdown Inquest*）、弗兰克·斯宾塞（Frank Spencer）1990年出版的《皮尔当：科学伪造》（*Piltdown: A Scientific Forgery*）、迈尔斯·拉塞尔（Miles Russell）2003年出版的《皮尔当人：查尔斯·道森的秘密生活和世界上最大的考古骗局》（*Piltdown Man: The Secret Life of Charles Dawson and the World's Greatest Archaeological Hoax*）、约翰·沃尔什（John E. Walsh）1996年出版的鸿篇巨制《揭秘皮尔当：世纪科学骗局及其解决方案》（*Unraveling Piltdown: The Scientific Fraud of the Century and Its Solution*）……更不用说充斥在各种文献中、已经被阴谋论者用作素材的无数章节、小册子、文章、专著和博客贴文了。从恐龙到原始人类，在所有的化石记录中，我认为没有哪个标本比皮尔当获得更多曝光，得到更多研究了。

大量化石在古人类系统演化中占据过重要地位（可称之为关键物种），又在人类历史的叙事被修改和重写时遭到移除。皮尔当之所以如此独特，正因为它是一个骗局，恶名反而确保了它的历史身份。在《神话与意义：破解文化编码》中，人类学家克劳德·列维－施特劳斯（Claude Levi-Strauss）提出，故事（叙事）提供了理解历史的文化背景。我们正在探讨的皮尔当科学史也不例外。“神话是静态的，我们发现同样的神话元素反复组合……（历史）表明，使用同样的素材……每个人却可以成功建立自己的原创性描述。”[27]

仅仅因为化石是个骗局，它就产生了另一个层面上的社会意义，一种科学之外的解读。人们心存很多疑问，比如纪念“皮尔当”的合理性何在，（人们应该如何纪念一个赝品？）如何处理博物馆的材料，（“不实”的东西应该在博物馆中展出吗？）以及对那些被指控参与骗局的人将产生什么影响。（什么是诽谤，什么是猜测？）

我们往往被造假事件的神秘和奇诡所吸引，以至于忽略了化石生命的其他方面。然而，它的生命不仅仅是它当初被发现的时刻、关于它合理性的争议，以及它对科学辩论的贡献。皮尔当化石让我们了解了古人类学“搞科学”的方式，以及随着时间的推移，这种方式又是怎样纠正错误、引入新的技术和方法，从而发生改变的。（皮尔当作为一个警示故事，甚至在流行文化中也占据了一席之地。例如，在《识骨寻踪》第一季中，有人告诉人类学家，“这就像皮尔当”，暗示潜在的骗局。）

如果认为皮尔当的故事仅仅是一种科学叙事，依赖于对证据的正确解释——揭穿虚假的原始人类祖先，那么我们便没有看到事情的全貌。它并没有因为是一场骗局而变得不再那么有名。相反，对化石研究得越多，我们对它的确切了解就越少，而它的名气似乎就越大。当皮尔当委员会发表报告，指出这块化石是个骗局时，关于谁是幕后黑手的猜测顿时沸沸扬扬。许多参与化学测试和其他测试的科学家，以及无数纸上谈兵的历史学侦探，都花时间研究和收集证据，试图找出骗局的主谋。但是这种对待皮尔当标本的方式将它贬低成了一个物质对象。专注于找出骗局主谋，根本上是把化石贬低成了古人类学叙事中一个有点尴尬的历史情节解围者。就好像除了是骗局之外，化石不再有其他的身份和目的一样。对施骗者身份的指责——无论是否有根据——也反映了皮尔当所处的社会生活和地位。简而言之，这是它身份的一部分。甚至化石的术语名称也取决于那个历史转折点——它从被赋予了学名“道森黎明猿”的皮尔当人，变成了简简单单的“皮尔当骗局”。它名字和身份中的“皮尔当”字样依然存在——永久性地把标本和它的起源地联系在一起——地位却发生了变化。它不再是祖先，而仅仅是个物件。它不是原始人类系统发展史的活跃部分。人们通过使用疏远的措辞，以及骗局身份带来的反感和恶名，把它从演化论的话语体系中分离出来。皮尔当的恶名基本上把它变成了古生物界的米力瓦利合唱团（Milli Vanilli）——以假唱闻名的冒牌乐队。

不难看出，皮尔当的发现者查尔斯·道森和它在大英自然历史博物馆的拥护者阿瑟·史密斯·伍德沃德对化石是投入了心血和精力的，但是社会和科学界对化石的投入远远超出了科学文献的狭窄范围。皮尔当进入了博物馆展览、教学素材、明信片、讽刺漫画和写给各种报纸编辑的信件中。人们——其实可以说就是文化圈——过去和现在都在向化石投入，使其影响远远超出了它的发现地或者它所在的大英博物馆的范围。“我们对自己来自哪里这个问题有着无限的迷恋。”卡罗琳·辛德勒认为，“这就是为什么皮尔当作为骗局是那么聪明、那么成功：它是每个人都想找到的东西——或至少，它假装自己是。”[28]1912年，化石最初与世人见面时，除了提出质疑外，科学机构并没有对化石及其解释照单全收。不过，还有一些人，比如史密森尼学会的小格里特·史密斯·米勒，对标本的地质年代以及化石出处的完整性提出了质疑。

21世纪的皮尔当派——科学家、历史学家、爱好者和业余人士——继续与皮尔当缠斗着。他们研究出越来越精细的骗局实施细节，寻找着最终能明确指向主谋的阴谋圣杯。"'黎明猿'不是任何化石的名字。"米勒在化石骗局被揭穿后指出。黎明猿也许是没有化石的物种，皮尔当却是充满了阴谋和可能性的标本。

皮尔当开放结尾式的故事从历史乃至文学的角度来看都是引人入胜的——像淡出的电影画面，让观者可以接受未被明言的不确定性，并自己从中寻找解决方案。关于它的身世——从道森的工人描述发现一枚"椰子壳"的晦涩开端，到现代成为博物馆馆藏后《犯罪现场调查》般的生活，有着太多的枝节、未解决的疑点，以及未经证实的传闻，这块化石的故事还远远没到结束的时候。

第三章

汤恩幼儿：民间英雄的崛起

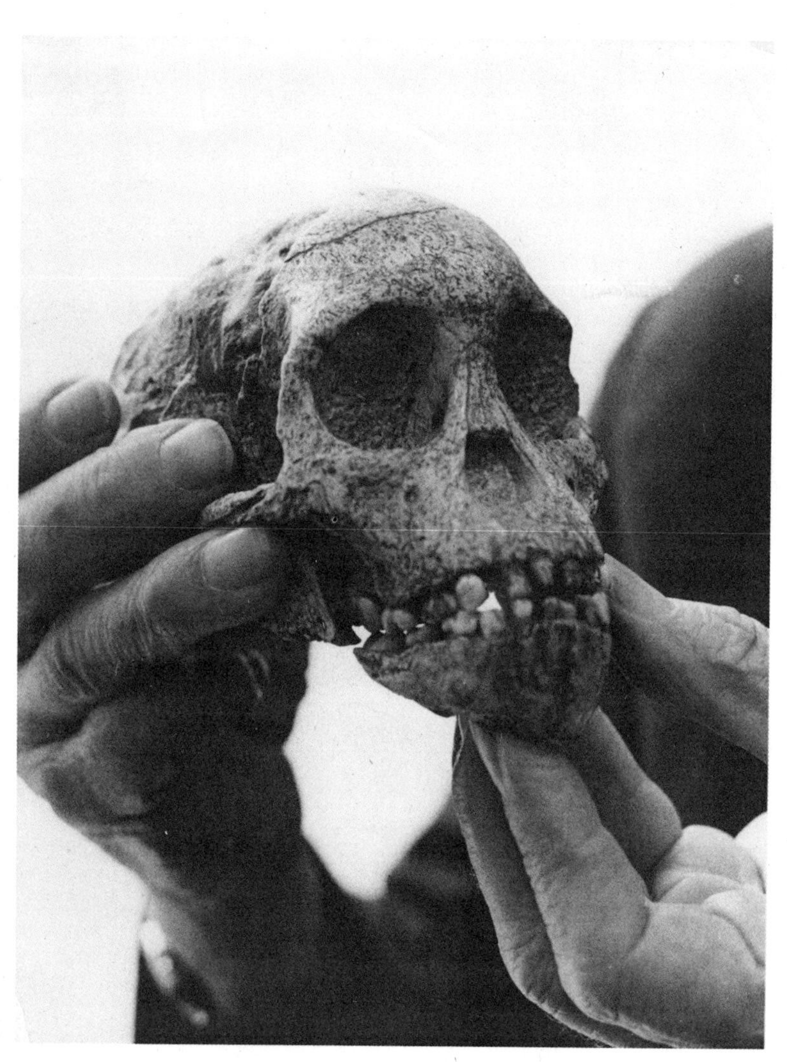

雷蒙德·达特手持汤恩幼儿的头骨和下颌骨。(雷蒙德·达特收藏。威特沃特斯兰德大学档案馆提供)

“我的内心涌起了一阵激动。在石堆的顶端，无疑是一枚颅腔模型。哪怕它只是随便某种猿类的脑部化石模型，也将成为伟大的发现，因为这样的东西以前从未被报道过。”1959年，雷蒙德·达特在他的回忆录《缺失的环节历险记》中写道。当时距离那块非凡的头骨化石“汤恩幼儿”被发现——1924年——已经过去了25年多一点。“但我一眼就看出来了，我拿在手中的不是普通的类人猿脑。我敢肯定这是人类学史上最重要的发现之一。我再次想到了达尔文那个大体上已经被否决的理论，就是说人类的早期祖先可能生活在非洲。是不是他所说的‘缺失的环节’就要借我之手现身于世人面前了？”[1]

20世纪初，由于1891年发现的爪哇人，还有拉沙佩勒老人等几个尼安德特人，以及英国的皮尔当人，古人类学的学术研究热情牢牢地停留在东南亚和欧洲地区——或者说是除了非洲的任何其他地方。然而，雷蒙德·达特博士身在南非约翰内斯堡，离任何古人类学研究热门地点都有数千英里之遥。不过，达特说对了：他发现的化石是“人类学史上最重要的发现之一”。

今天，汤恩幼儿当然以其作为第一个南方古猿非洲种（*Australopithecus africanus*）的重大科学意义而闻名于世，但是它的崇高地位还体现在其展现科学、历史之间的交织，以及成就一个古生物明星的方式。

◎◎◎

1924年1月，达特作为年轻的澳大利亚解剖学家，刚在约翰内斯堡的威特沃特斯兰德大学开始他的职业生涯。当时他受学校委托创建医学和解剖学系。在那之前，达特在伦敦学了两年神经解剖学，师从英国神经解剖学家格拉夫顿·埃利奥特·史密斯爵士。在伦敦的学习结束后，由于他获得了奖学金，著名的解剖学家阿瑟·基思爵士劝说达特申请约翰内斯堡刚刚空缺的职位。尽管达特对离开伦敦学界前往南非的前景相当恐惧，但还是成功申请到了这个职位，并打算在未来某个时间返回伦敦。（基思后来这样描写达特："我是推荐他申请那个职位的人，不过我现在可以承认，我当时那么做是带着某种程度的不安的。他的知识、智慧和想象力都毫无问题，而让我害怕的，是他的轻狂、他对公认观点的蔑视、他见解的离经叛道。"）[2]

来到威特沃特斯兰德大学之后，达特开始设立学术课程以及学校的医学项目。他比较受欢迎的一门课是让学生外出收集化石，并将他们发现的标本与其他现存物种的骨骼进行比较，以此来鉴别他们的发现。达特鼓励他的学生为班级收集珍奇化石，很快动物化石就开始流入教室的实验室。1924年年初，达特唯一的女学生约瑟芬·萨尔蒙斯（Josephine Salmons），在她某位朋友供职的巴克斯顿石灰岩采石场里，看到了一块特别有意思的化石正被场长用作桌上的镇纸。（还有一个略有不同的说法：那块化石被放在了家里壁炉的架子上做装饰，引起了萨尔蒙斯的兴趣。）她看出这块化石是某种灵长类动物，并猜测它不仅仅是一块小古董，还具备某种更深层次的演化意义，于是她问采石场场长，能否让她的导师雷蒙德·达特教授看一看。达特对这块化石的评估结论是，这是一种非常古老的猕猴科动物，或者是一种已经灭绝的狒狒。

发现灵长类动物化石令达特和他的学生们非常兴奋，因为这意味着其他灵长类动物也可以成为南非化石记录的一部分。作为对人类大脑结构和演化感兴趣的解剖学家，达特非常希望收集更多能体现灵长类动物大脑早期演化的标本。达特请萨尔蒙斯转达了这样的意向：他对在采石场发现的任何化石都抱有浓厚兴趣，甚至愿意为采集到有趣标本的工人提供一定的报酬。北方石灰公司的主管斯皮尔斯（A. E. Spiers）也是化石古玩的业余爱好者和收藏家。他欣然同意储备化石，不过拒绝了达特提出的金钱补偿。于是，巴克斯顿采石场的主管伊佐德（E. G. Izod）开始着手收集矿场工人发现的比较有趣的化石。因为该地区地质环境中分布着充裕的石灰岩，所以化石资源非常丰富。

当年秋天，采石场将收集起来的化石船运给了身在约翰内斯堡的达特。

1924年10月，达特收到了一箱来自矿区的化石，而那天他和妻子要主办一场婚礼，达特是伴郎。箱子运抵后，达特的妻子朵拉有些不悦。在达特的自传中，他——颇具家长气地——描述了朵拉的反应："我想这些就是你期待已久的化石吧。它们为什么非要在今天到呢？现在，雷蒙德，客人们很快就会来了，只要婚礼还没结束，大家还没离开，你就不能去研究你那些碎石头。我明白那些化石对你来说有多重要，但是麻烦你把它们留到明天再说。"[3]尽管心里想着待客的事宜，还穿着一身爱德华七世时期的正装，达特还是立即开始翻检箱子里的化石。他发现了一块小小的灵长类动物脑化石，一下子僵在了那里。这个发现令他深深着迷——"我的内心涌起了一阵激动……我站在阴凉里捧着脑化石，就像守财奴抱着金子一样贪婪，我的脑子在飞速运转"——以至于婚庆团队几乎是把他拖回了婚礼现场，颇为不悦的新郎正在那里满怀期待地等着达特履行他作为伴郎的职责。达特回忆说："愉快的白日梦被拽我袖子的新郎本人打断了。'我的上帝，雷。'他努力掩饰着自己声音里的紧张和急迫说，'你必须马上穿好衣服，否则我就得另找伴郎了。婚车随时会到。'我不情愿地把石头放回箱子，但是我带上了那块颅腔模型和跟它在一起的围岩，把它们锁在我的衣柜里。"[4]

关于这块化石的发现，达特的同事杨博士（Dr. Young）略有异议。1925年，接受《约翰内斯堡星报》的采访时，杨讲述了他如何在一系列爆破后到达汤恩采石场，发现岩石中露出了"缺失的环节"化石的面部，脑部则在附近——这两块化石完美契合。杨说他小心翼翼地包好化石，回到约翰内斯堡后，将化石交给了达特。采访之外，杨博士的说法从来没有引起什么反响，不过达特在1925年将化石发表在《自然》杂志上时，确实感谢了杨教授和萨尔蒙斯小姐在寻找化石过程中的帮助。[5]

为了把化石——头盖骨和下颌骨——从坚硬的角砾石灰岩中剥离出来，达特偷拿了妻子的几对织针，并把它们削尖，来更精细地挑开化石围岩。接下来的三个月里，达特利用一切空闲时间，耐心地弄掉头骨上的基质。圣诞节前两天，岩石中显露出一张孩子的脸。达特写道："我想，无论其他父母对自己的孩子多自豪，都比不上1924年圣诞节我发现汤恩宝宝的那种自豪。”[6]它立即得名汤恩幼儿——雷蒙德和朵拉的化石后代。

◎◎◎

1925年1月中旬，把化石从石灰岩硬壳中解救出来40天后，达特向《自然》杂志寄去了解剖学描述、一系列照片和化石手稿，该杂志很快发表了他的报告。达特形容这块化石为“展示了一种已灭绝的猿类，介于现存类人猿和人类之间”。[7]根据解剖结构，达特认为该化石是人类“类猿”祖先的孩子，一种脑较小的原始人类，已经可以双足行走。他将其命名为*Australopithecus africanus*，即“非洲的南方猿”，或“南方古猿非洲种”。描述中，达特对比了该化石与大猩猩和黑猩猩等其他猿类之间鲜明的解剖学差异。他认为这些差异——脊柱的位置——都是明确的证据，有力地支持了他对化石的解释：脑较小，两足行走。除了牙齿、下颌骨和脊柱的位置等解剖学细节，达特还进一步深化了解释，称这一化石物种明确证实了非洲是“人类摇篮”（达尔文的观点），而这枚化石，汤恩幼儿，是“缺失环节”的绝佳证据，将众多化石严整有序地固定在一个解释架构当中——达特认为没有理由可以降低他对该化石意义的期望。

化石发表后，远在伦敦的英国科学界人士——阿瑟·基思爵士、阿瑟·史密斯·伍德沃德爵士和温弗里德·劳伦斯·亨利·达克沃斯（Wynfrid Laurence Henry Duckworth）博士——也在《自然》杂志上发表了一篇对化石的评论，表达了对化石谨慎的、几乎没有言明的兴趣，但是没有支持达特说的化石是人类祖先的观点。他们确信，这是某种狒狒的化石，与该地区早期发现的化石相似。他们借以评估的唯一视觉参考来自达特在《自然》发表的文章中的小照片。他们想要的是测量、注模和详尽的定量比较，而看到的却是达特满篇的浮华辞藻。“因此，我们必须得出结论，只因这个群体拥有强大的脑力，才得以在这种恶劣的环境（南非古环境）中生存……人类的出现需要另一种训练来磨砺智慧，加快智力的高级表现。”[8]就连达特的导师兼支持者格拉夫顿·埃利奥特·史密斯教授，对汤恩化石的态度最多也只是谨慎的好奇。阿瑟·基思爵士则态度颇为鲜明地否定了汤恩幼儿是演化祖先的说法。简而言之，这块化石根本没有进入学界的法眼。

雷蒙德·达特为拍摄肖像照片摆出架势，入镜物品包括烟斗、白大褂、显微镜、头骨和汤恩幼儿化石——全副科学装备。（雷蒙德·达特收藏。威特沃特斯兰德大学档案馆提供）

达特在《自然》杂志上对该化石的描述极具幻想色彩，几乎背离了科学界严格方法论的原则。此外，科学界对这块化石的冷淡态度，一定程度上要归因于20世纪初占主导地位的演化理论。根据当时流行的理论，化石祖先应该是某种脑较大的类猿生物，来自东南亚或者欧洲。（建制派科学家都坚定地认为皮尔当人是祖先，皮尔当人的解剖学特征支持了当时的演化论思潮，而化石被揭穿为骗局是二十多年之后的事情。）而达特的汤恩幼儿则"生不逢时"——它来自意料之外的地理位置，而且化石的特征都不讨喜。不过，化石不被接受的另一部分原因是达特"搞"科学的方式。比如描述化石的方式、非传统的分类法（在名字中混合了希腊语和拉丁语），更不用说他那洛可可式的叙述方式——在与科学界交流他的发现时，达特可谓天马行空，风格让建制派齐齐大跌眼镜。

◎◎◎

在《自然》杂志上发表了关于汤恩幼儿的文章后不久，达特就委托人制作了一个化石模型，其中包括三大组成部分：大脑内腔、下颌骨和头骨的颅面部分。（达特形容这块脑化石"令人震惊"，"它脑上的弯曲、纹路，还有头骨的血管……清晰可见"。）[9]为了制作化石模型，达特联系了总部位于伦敦的R. F.达蒙公司。这是一家在人类学和古生物学界颇有建树的公司。在汤恩幼儿之前，R. F.达蒙公司曾经制作过的模型和半身像包括皮尔当人、欧仁·杜布瓦1891年发现的爪哇人，以及无数动物化石。（在汤恩被发现十年之后，它还将制作周口店北京人的化石注模。）模型们制作出来后，慢慢开始在博物馆、科学实验室等场所之间流传。

化石做成注模意味着，无论怎样解释其演化地位，化石都会被更多人看到。（达特拥有汤恩幼儿的版权，并从每个注模中赚取版税。）与达特讨论模型价格时，公司经理巴洛先生恳求达特重新考虑，因为目前成本过高。他认为："你提出的价格会扼杀需求，使顾客心生怨恨，而这是我最不愿意看到的。"[10]达特做出让步，同意了巴洛的降价建议。

以15英镑的价格，R. F.达蒙公司依照委托制作的汤恩幼儿注模复制品被送往各大博物馆，其中包括20世纪30年代得到复制品的美国自然历史博物馆。（1925年的15英镑大概相当于今天的800英镑或1250美元——这是不少的一笔钱，不过许多博物馆还是付得起的。）凭借R. F.达蒙公司大量的外交努力，一套汤恩幼儿的模型甚至在1933年进入了莫斯科博物馆。达特与其他古人类学家（比如当时在中国周口店遗址工作的大名鼎鼎的魏敦瑞）保持着通信联系，用汤恩幼儿的模型换取当时任何相关文物的模型，并在此过程中建立威特沃特斯兰德大学的比较收藏。从澳大利亚到博茨瓦纳，达特收到了许多索取汤恩化石复制品的请求，因为博物馆希望向参观者展示这块著名的化石，并将其作为科学家的科研资源加以保存。在随后的几十年里，来自注模的版税不断流回达特的腰包。

达特在1925年年底写信给大英帝国博览会委员会主席莱恩上尉，不失时机地提出了一份内容翔实的建议——将一个注模提交给博览会。博览会展示了各殖民地出产和制造的商品，以及殖民地原材料和技术之间的联系，例如铁路在印度各地的扩张。1924年和1925年，博览会吸引了两千五百万游客。[11]它是大英帝国凸显、推广和炫耀工业、技术和科学的一种方式，同时还肩负建立整个帝国的商业和工业联系的使命，这无疑也是推广化石的大好机会。

由于达特最初在《自然》杂志上发表的关于汤恩化石的文章遭遇了很多质疑，莱恩上尉对是否在博览会上展出注模犹豫不决。他担心，如果委员会决定展出科学界认为无足轻重的化石注模，他会显得特别愚蠢。然而，著名人类学家格拉夫顿·埃利奥特·史密斯爵士却支持展出该化石：“调查者在完整报告发表之前就发布化石注模是很不寻常的，因此，南非当局正在温布利展出这些注模，是在真正地推动科学。”[12]尽管史密斯对汤恩幼儿是人类祖先的观点持谨慎态度，但是他称基思在《自然》杂志上的言论为“意气用事”，并认为博览会能有机会展出注模实为幸事。[13]

得到史密斯的担保，知道达特不是什么精神错乱的怪人之后，委员会对展示注模表现出了极大的兴奋，并对达特大加赞赏：“报纸的报道引起了我们对化石的注意，非常感谢您提供了这么好的注模。”[14]（达特选择送来的是化石注模，而不是原件，以免汤恩幼儿面临旅行的危险。）在化石发现和发布后的一年里，英国、南非以及远在塔斯马尼亚的报纸都大肆渲染达特与伦敦科学界之间的科学争执，以及化石在演化中的合理性问题，这刚好吊足了公众的胃口，都想在大英帝国博览会上一睹汤恩幼儿的真容。

达特对汤恩幼儿的展示方式有自己明确的想法。在向温布利委员会发送注模和材料之前，就如何组织化石相关信息，以便观众可以轻松领悟展览用意，达特展开过一场头脑风暴。在威特沃特斯兰德大学的专用信纸上，

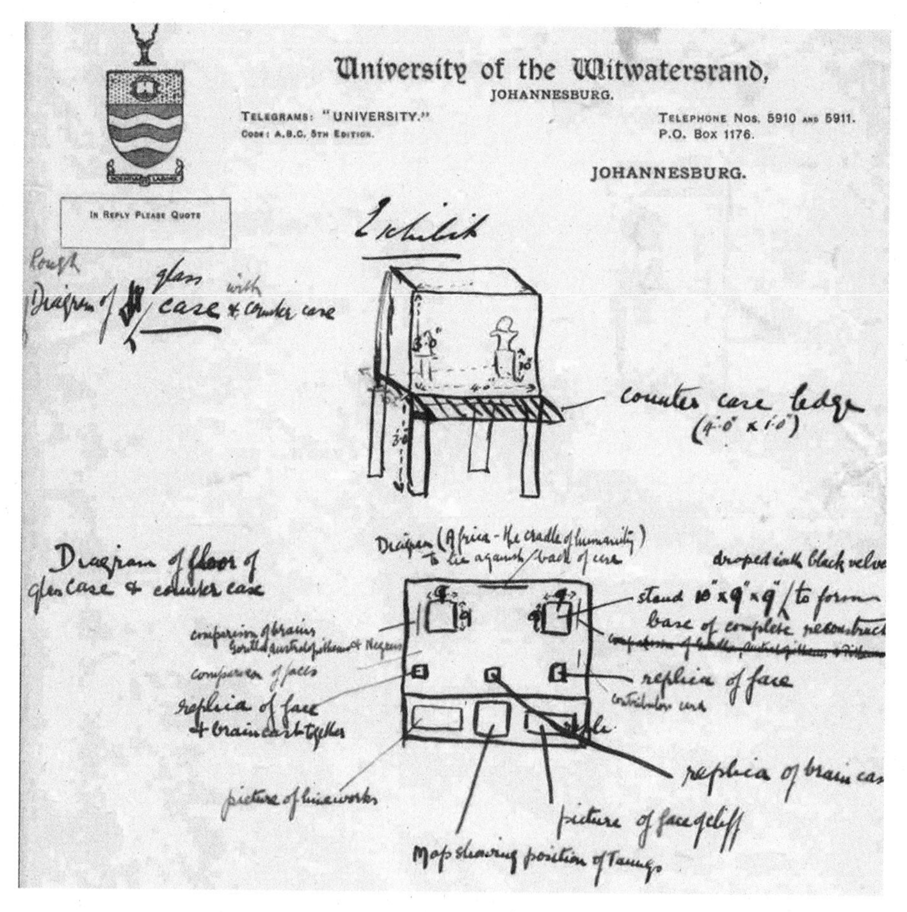

1925年，作为大英帝国博览会的一部分，汤恩幼儿在温布利展出。草图显示了达特对化石公开展览的最初设计思路。（雷蒙德·达特收藏。威特沃特斯兰德大学档案馆提供）

达特画了供委员会参考的展示台草图，图中最突出的元素是一张四英尺见方的桌子，向观众的方向延伸出一截台面。他想同时展示多种人类和猿类的头盖骨，以实现快速视觉对比。他还建议将汤恩地区的地理起源示意图——地质地层图——用作背景。

达特在草图右侧写下“非洲：人类的摇篮”——优雅地暗示了他对化石的解释具有历史合理性。“人类的摇篮”——达特在《自然》的发文中提到的地区——呼应了达尔文的人类非洲起源论，而不是将目光投向因爪哇人的发现而在科学界成了香饽饽的东南亚。通过借用达尔文的原话提及非洲，他巧妙地将自己和发现结合起来，呈现以达尔文为中心的姿态。

PROFESSOR DART'S EXHIBIT.

THE FOSSIL APE FOUND AT TAUNGS.

MAN'S NEAREST RELATION.

The fossilized skull of a hitherto unknown type of man-like ape, casts of which are now exhibited for the first time in this country, was blasted out of the limestone (50 feet below the surface and 200 feet from the original edge of the cliff) at Taungs in Bechuanaland in November, 1924, by workmen of the Northern Lime Company.

The discovery is exceptionally important and interesting. For the first time the whole face and form of the brain-case of a fossil man-like ape was revealed. Moreover, the Taungs ape was found in a place thousands of miles distant from the domain of the gorilla and chimpanzee, and in a region where forest conditions such as are essential to these other anthropoid apes seem to have been lacking. More important still, this ape, which like man may have been emancipated from the necessity of living in forests, seems to reveal definite evidence of nearer kinship with man's ancestors than any other ape presents.

温布利展览上介绍汤恩幼儿的小册子，1925年。（雷蒙德·达特收藏。威特沃特斯兰德大学档案馆提供）

达特在草图中还标注了悬挂石灰石矿洞和崖面照片的位置，方便观众更好地了解化石本身的地质环境。用作对比的一系列头盖骨在箱子左侧排成弧线，整个箱子内部都要蒙上黑色天鹅绒。化石注模也成了平等的化身，因为无论是专家还是业余化石爱好者都要在同一空间观看模型，专业人士也没有任何特权。即使是阿瑟·基思爵士，也不得不和一帮“无知老百姓”一起排队进入展厅，这令他十分反感，而对化石模型的短暂一瞥也并没有增加他对汤恩幼儿的好感。他认为展览乏善可陈，而且再三强调汤恩幼儿物种不是现代人类的祖先。“这个错误就相当于宗谱学家声称现代萨塞克斯农民是威廉一世的祖先。”[15]

与此同时，公众——报纸读者、业余古生物和化石爱好者——对这块化石充满了好奇，纷纷排队等候观看。这块化石和它被斥为“不过是”猿化石的言论在《自然》杂志上一经发表，世界各地的报纸争相报道这场争论，登出文章概要，以及关于汤恩幼儿是否真的是某种人类祖先的最新观点。（有封给编辑的信中写道：“亲爱的先生，希望您能告诉我，汤恩幼儿是否真的是人类祖先。”）[16]这些信件反映出公众的愿望，希望能将化石分门别类，或至少能理解化石的意义。

虽然达特收到了一些南非本地人的反演化论信件，写信人以倨傲不恭的口吻关心了他不朽灵魂的状况，但总的来说，公众对这块化石和它代表的一切都非常喜爱。达特认识到，对这块在报纸上读到过好多次，又在温布利博览会上一睹真容的化石，人们是多么想知道它背后的“故事”。公开展示化石——哪怕是骨头的模型——的做法将公众带入了化石的世界。人们开始燃起对化石的热情，并从中寻找力量感。

◎◎◎

到1930年，达特接受了现实，想让科学界接受汤恩幼儿是人类祖先的观点，就得遵循更传统的科学程序。他写了关于汤恩幼儿的长篇专题论文，详细阐述了解剖测量及对比。达特将化石装箱，前往伦敦，与阿瑟·基思爵士和其他著名解剖学家会面。达特要论证他的观点，即汤恩确实是人类祖先，是值得认真对待的化石。

因为带化石原件乘船去英国存在风险，所以1930年5月，达特在约翰内斯堡的约瑟夫·利德尔金融保险代理公司为运输途中的头骨投了一份保险。（达特的担心并非没有根据。1919年，来自中国周口店遗址的一箱化石搭乘的货船在绕过好望角时沉没，导致化石丢失。）约瑟夫·利德尔的保单，涵盖了汤恩幼儿往返欧洲的海上旅程以及在欧洲境内一年的旅程，要求达特在保单生效期间随身携带化石。[17]

到了伦敦，科学界对汤恩幼儿的态度可谓友好，但冷淡也显而易见。没有人表现出公然的粗鲁或明显的不屑——但也没有人接受达特坚持的观点：人类演化历程中会出现小脑袋、双足行走的祖先，哪怕他已经做了仔细的研究。达特对这趟旅行的描述充满伤感："这里并不能为那些曾经大胆的主张正名，使其得到广泛接受……我站在简陋而阴冷的房间里，心怦怦地跳着，希望通过我的讲述，能让面前四十几张脸上的表情由礼貌专注变为生动有趣。但我意识到，我吃了闭门羹。"[18]

看来化石能够抓住科学界想象力的时期差不多已经过去了，他们的兴趣转向了其他标本。化石界的"下一个新事物"已经在中国周口店出土了，英国解剖学家们对这些中国北京化石的意义很感兴趣，它们在谱系上显然比汤恩幼儿更像人类。汤恩幼儿成名的15分钟结束了，至少暂时如此。

达特回到南非，或多或少地把化石寻找的工作让给了其他人，比如罗伯特·布鲁姆（Robert Broom）博士，并把自己的时间投入到了威特沃特斯兰德大学医学院解剖学系的建设中。他与南非各地的人种学项目合作，开始建立骨骼收藏，最终成为全世界最丰富的骨骼收藏之一。他还在约翰内斯堡的几场庭审中担任法医专家。虽然达特确实还在继续研究汤恩幼儿等南方古猿化石并撰写文章——特别是后来的几十年里，他推动了以血腥暴力为基础的人类演化理论——但总体而言，他的动机和兴趣似乎从化石转向了医学和解剖学。[19]

◎◎◎

然而，南非德兰士瓦地区周边富含化石的石灰岩采石场里，化石还在不断涌现，很多化石爱好者（专业的、业余的都有）纷至沓来。苏格兰籍的罗伯特·布鲁姆博士是古生物学家，在南非生活期间，他从事医疗实践，以及对南非卡鲁地区蜥蜴化石的编目工作。[生物学家约翰·波顿·桑

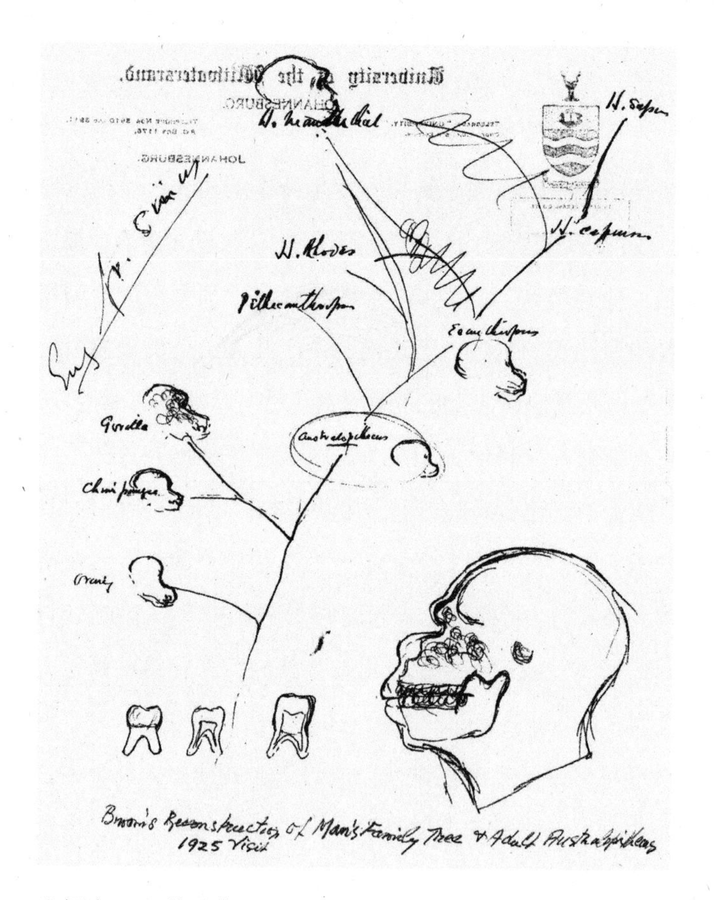

这幅古人类谱系草图绘制于1925年罗伯特·布鲁姆和雷蒙德·达特的一次会议上。（雷蒙德·达特收藏。威特沃特斯兰德大学档案馆提供）

德森·霍尔丹（John Burdon Sanderson Haldane）曾说布鲁姆是个天才，应当与萧伯纳、贝多芬和提香相提并论。布鲁姆的传记作者乔治·芬德利（George Findlay）则表示，布鲁姆和扑克高手一样诚实。]1925年，布鲁姆博士写信祝贺达特在汤恩有重大发现。从那时起，除了蜥蜴化石，人类祖先化石也成了布鲁姆博士的研究对象。在达特收到布鲁姆信的两周后，布鲁姆亲自来到达特的实验室——事先没有任何通知。以哈姆雷特式的戏剧天赋，布鲁姆跪倒在化石前“崇拜我们的祖先”。[20]

1925年造访达特实验室期间，布鲁姆和达特讨论了多种演化情境，以

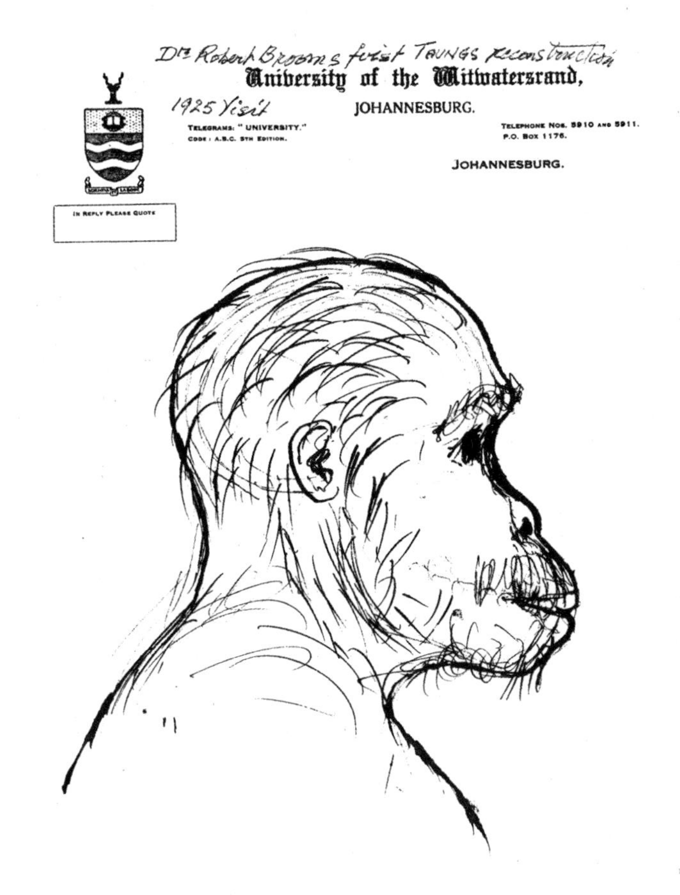

雷蒙德·达特在与罗伯特·布鲁姆会面时绘制的汤恩幼儿草图，1925年。（雷蒙德·达特收藏。威特沃特斯兰德大学档案馆提供）

确定汤恩在人类演化大图景中的位置。汤恩是在皮尔当之前还是之后出现的？杜布瓦在东南亚发现的化石与汤恩是同时代的吗？不，它的脑更大，所以它肯定是后来才出现的？那么尼安德特人呢？他们的位置又在哪里？虽然布鲁姆和达特都认为汤恩幼儿是人类祖先的化石，但不太清楚它与其他化石之间究竟有着怎样的关联。布鲁姆的来访不仅仅是一次看到化石的机会，还凸显了要让人们接受化石是人类祖先所需要克服的问题。

汤恩幼儿的一个非常现实的问题就是：它是幼年标本，未曾完全长成便已夭亡。因此，人们很难看出，该物种成年之后的解剖学特征将如何表达。事实上，达特以汤恩幼儿作为南方古猿这一物种的类型标本，引发了人们对物种本质和重建物种的深入哲学思考，而且这一思考甚至一直延续到了21世纪。（由于化石是该物种的幼体，而不是完全长大的成体，对该物种成体样貌的预测给成体标本的物种归类工作带来了困难。如果类型标本——柏拉图式的理想化情况下——是汤恩幼儿，那么成年南方古猿个体的确定则以研究人员设想中的成年个体样貌为依据。）布鲁姆意识到了问题所在：想真正了解化石的解剖学和形态学特征，就需要一个成年标本。

于是，布鲁姆开始为自己寻找成年南方古猿。1947年——最初发现汤恩幼儿二十多年后，他和同事约翰·罗宾逊（John Robinson）找到了一个。他们在斯泰克方丹发现的这个成年南方古猿被命名为*Plesianthropus transvaalensis*（中文译作“德兰士瓦迩人”，昵称普莱斯夫人）。后来化石被重新命名为南方古猿非洲种，改名意味着布鲁姆和罗宾逊找到的头骨与汤恩幼儿属于同一物种。发育完全的成年标本最终得到了科学界的认可，而且这一物种可能是智人祖先。此外，对使用幼年化石构建原始人类谱系的问题，古生物学界一直持质疑态度，而该标本给出了有力的答案。就连阿瑟·基思爵士也不得不承认：“你发现了我未曾想过的东西。”也就是类人的下巴连接着类猿的头骨，与皮尔当化石刚好相反。[21]

20世纪40年代末，在欧洲——尤其是英国——古生物学界的几位重要人物对已经大行其道几十年的皮尔当化石解释提出了异议。此时，汤恩幼儿已经得到充分注模、研究和测量了。支持该化石为人类祖先的证据逐渐增多，包括1946年，牛津解剖学家威尔弗里德·勒格罗斯·克拉克（Wilfrid Le Gros Clark）博士对该化石的解剖学特征做出的非常有利的评论。越来越多来自不同地域的化石使人类祖先的谱系图变得复杂。1953年，皮尔当被彻底推翻，立刻为汤恩得到人类祖先身份开辟了学术空间。

汤恩幼儿化石获得这么多支持，离不开达特当初对化石的解释。“达特教授是对的，我错了。”化石被发现并引起争议几十年后，阿瑟·基思爵士终于承认。到1985年，汤恩幼儿——以及南方古猿非洲种——已经作为合情合理的原始人类祖先，被广泛接纳为古人类学万神殿中的一员。事实上，1985年汤恩幼儿发现60周年纪念活动在威特沃特斯兰德大学举行时，达特面对各种大呼小叫，显得宠辱不惊。这块化石已经进入古人类学实践的主流。我们有太多方式去思量个体的生与死，这话用于化石的生命真是再贴切不过了。实际上，理解曾有生命之物的新生命时，会有某种奇妙的递归感。“这是多美妙的场合，不是吗？你要知道，我从来没有为1925年遭受的待遇苦恼过。那时候我知道人们不会相信我。我并不着急。”达特在周年庆典上说。[22]

◎◎◎

汤恩幼儿的故事在古人类学界几乎是难辨真伪的。这些故事的功能在于部分地体现了科学本身的身份和价值（“好的科学战胜了诋毁者”），不过它们也围绕着雷蒙德·达特和化石本身创造了一个英雄人物。随着汤恩幼儿从科学走向公众，受众的圈子越来越大，它从温布利的一个注模变成了诗歌、文学、戏仿和单纯的趣味。正如传奇和史诗之旅能让观众对英雄的远征着迷，汤恩幼儿的旅程也被接纳为一种文化叙事。

20世纪30年代，达特还在与科学界的争论中苦苦挣扎时，开普敦一位著名的爬行动物学家沃尔特·罗斯（Walter Rose）博士，为化石谱写了一段英雄传奇——标题很简单，就叫《南方古猿》：

古远的上新世，
美好的地球风华正茂，
在非洲舒适的气候中
我茁壮成长。
我的母亲在土壤中寻根，
从灌木丛中咬下嫩芽，
而我靠着多汁的水果
汲取营养。
……
尘土很快就把我掩埋，
于是我无事可做
只能躺个一两百万年
颇有耐心。
有人在挖掘开采石灰时，
在我的安息之处找到了我。
高兴地喊道："天啊，新发现
年代十分久远。"
另一个人喊道："我看得很清楚
这个小家伙
不过是一只黑猩猩，
相信我。"
"啧啧啧，"D博士反驳道……
"尊敬的同事，行行好吧。
你把马放在车后。
你让我伤心。"

……

“我敢肯定这个小脑袋，

曾在森林里漫步的小脑袋，

证明了非洲是人类最初的家园

证据确凿而充分。

我认为就是在南非

最先产生了人类。

这枚小小的头骨就是证据。

一点儿不假。”

我的发现者们唱着胜利的歌

还说：“这个头盖骨来自汤恩。

正是寻觅已久的缺失一环，

终于让我们找到了

因此，要归功于

南非，而我们的探索

将在附近继续，希望更多化石

出现在它周围。”[23]

而这些仅仅是罗斯诗作中选取的三节，涉及了重要元素，讲述了汤恩化石深入人心的过程。在罗斯热情洋溢的叙述中，化石经历了肉身的生死、奇妙的发掘，以及科学界的学术纷争和博弈，意义辐射未来。它为化石的出名提供了重要的叙事框架——化石是一个民间英雄，有资格去演绎自己的史诗传奇。

然而，字里行间，某些难以言喻的强大因素把汤恩化石推进了科学和大众领域之间的夹缝中。有人努力将化石定位到正确的地质时代——“古远的上新世”。在达特的诗稿版本中，“更新世”一词被划掉，改成了“上新世”。另一节中，达特自己也写了几句，解释了汤恩在远古时代背景中所处的位置。汤恩带给南非一种近乎民族主义的微妙自豪感。而最有意思的是，这首诗以第一人称的写法，成功给读者灌输了一种感觉，即南方古猿有某种英雄主义能动性。汤恩选择克服环境的考验——母亲被鳄鱼吃掉、父亲被蟒蛇缠死，而它在上新世古环境的严酷现实中活了下来，留下了被人传颂的故事。

诗的背景带有直入人心的人文主义风情。前两节为南方古猿设定了伊甸园般诗情画意的背景——不谈种族隔离，没有经济上的困扰和社会顽疾，而这些在罗斯的南非读者们看来，本该是非常重要的议题。在环境迫使下，汤恩和它的哥哥离开了父母，接着，汤恩描述了自己的死亡："一天，在为一根骨头争吵时/它（汤恩的哥哥）用石头敲碎了我的头骨/然后把我独自留在山洞里/听任严寒与酷暑。"这里借用了一个强有力的文学典故。哥哥杀死弟弟——直接借用《创世记》的原型。一节诗里，我们看到了环境决定论、堕落的寓言、该隐和亚伯的故事以及汤恩的孤胆英雄形象——一个留下来讲述它们身份和来历的化石圣人。

这首诗拥有巨大的解释力，它的论点表明，化石的叙事远比它形态测量所显示的要多。史诗般的传奇结束了，留给我们的是关于英雄之伟大的散文。

达特还收到过其他类型的化石故事，其中很多是完全出乎意料的。其中有一本非常奇特的青少年小说叫《缺失环节的幻想》。寄送者是达特的匿名仰慕者。这份手稿极有可能写就于20世纪30年代中期，署名为"忠诚的人"，内容维护了达特和汤恩幼儿。故事发生在汤恩本地，开头是一个名叫金杰的矿工因为岩石中的化石而满腹牢骚。"又翻出来一块闪闪发亮的猴子化石，乔，今年已经数不清多少块了吧，我想。"他继续说，"过去某个时候，这里一定有很多猴子，是猴子的后宫。"

《缺失环节的幻想》有点条理不清、语言生硬，而且多少有点让人摸不着头脑，但还是让我们非常清楚地感觉到，汤恩幼儿正在迅速进入大众视野。化石在演化大链条中的位置问题——是人类祖先还是仅仅一只"该死的猴子”——对故事情节的展开至关重要。乔·钱伯斯是个受过教育的矿工，他将化石带给了戴伊博士，而戴伊博士又前往巴克斯顿石灰场博物馆。故事中，戴伊博士和乔的独白向观众传达了科学知识，因为他们的话语中夹杂着关于达尔文、演化论和家族谱系本质的内容。

有趣的是，《缺失环节的幻想》把演化论和达尔文当作社会问题，借粗鲁矿工金杰之口，将演化论与宗教对立起来。金杰对达尔文的演化论观点持保留态度。“所以，拜托了，乔，如果你再说我像那个该死的老猴子化石，我就用这个砍你的脸。”说着，他挥起镐，“我会划花你的脸，让你亲妈都认不出来！”金杰说他唯一认同的人类起源就是“伊甸园”那样的《圣经》故事。（书的最后，当发掘出的化石要送到英国进一步研究时，达特划掉了作者提到的埃利奥特·史密斯教授和阿瑟·基思爵士，改成了埃兰·斯威夫特教授和安德鲁·凯利爵士——大概还不算最微妙的别名。）[24]汤恩幼儿故事的每一部分——从发现到位置，再到达尔文主义的辩论——都在《幻想》一书中有所呈现。故事最后又回到起源问题——达尔文主义还是宗教，二者并驾齐驱，悬而未决。这部仰慕者的作品虽比不上电影《风的传人》，但两者的主题和情感都有所交叠。

◎◎◎

20世纪40年代，达特开始研究其他骨骼和人工制品组合，这些是由南非当地教师威尔弗雷德·伊茨曼（Wilfred Eitzman）从汤恩附近的斯泰克方丹和马卡潘斯盖特等几处遗址收集到的。两处遗址都有大量羚羊角化石岩心和打磨过的石器，这就引出了工具制造者和制造目的的问题。达特对这两处组合进行了多次研究，得出的结论是，两处遗址中的骨骼化石和石器是由汤恩幼儿的物种创造的，这些南方古猿是在这片土地上打砸抢掠的“掠食性猿人”。他把这种石器和骨器两种技术的复合产品称为“骨齿文化”，并发表了许多文章，论证特定工具的复杂序列和时间线。在骨齿文化中，汤恩和它的猿人是这片土地上的猎手——也是主宰者。

达特想象了一群暴力、嗜血、手持骨棒的人类祖先，而科学界的其他人（比如威尔弗里德·勒格罗斯·克拉克博士）则认为，达特的骨齿文化挑战了科学证据和解释的极限。勒格罗斯·克拉克本人是支持汤恩幼儿作为人类祖先的，他认为达特的骨齿文化之所以能站住脚，主要是因为科学界缺少可用来评估的其他假说。（换句话说，如果不是汤恩幼儿所属的原始人类物种，那积聚在一起的骨头还能怎么解释？）不过，达特的假说确实有助于在考古学和古人类学中开创新的研究领域，比如埋葬学，研究土壤、骨骼和岩石是如何在马卡潘斯盖特等地的洞穴中堆积的。由谢伍德·沃什本（Sherwood Washborn）博士和查尔斯·布莱恩（Charles Brain）博士等人开展的这些新研究确定了骨头的堆积是自然原因造成的。通过将豹牙与从南非另一个化石遗址斯瓦特克郎斯回收的南方古猿头骨上的穿刺痕迹进行匹配，布莱恩的研究将刚刚崭露头角的埋葬学离骨齿文化又远了一步。牙齿的咬痕及其他发现表明，原始人类在当时的环境下是脆弱的——捕猎者现在成了猎物。

然而，在公众的想象中，人类祖先野蛮凶残的想法更为普遍，这要归功于罗伯特·阿德雷（Robert Ardrey）1961年出版的《非洲创世记》。该书认为人类的祖先是挥着武器的嗜血猎食者。《非洲创世记》多次直接引用了达特和他的著作，阿德雷提出，攻击性——如骨齿文化所猜想——是理解作为人类祖先的杀人猿之野蛮性的最佳模式。科幻小说作家阿瑟·克拉克（Arthur C. Clarke）的《哨兵》写于1948年，也就是达特第一次发表骨齿文化文章的一年后。在该文的基础上，斯坦利·库布里克（Stanley Kubrick）的影片《2001：太空漫游》为我们呈现了手持股骨、身披长毛的祖先形象。对汤恩幼儿所属物种的诠释变得充满意义和道义。这些主题在公众脑海中深深扎根，并长期与汤恩这样的化石绑定，无论科学再怎样证明，原始人类的生存其实任由环境摆布。[25]

除了随着化石席卷而来的文化环境，公众也通过实景模型呈现出已灭绝物种的故事，以及化石的博物馆生活认识了汤恩幼儿。（回忆一下，20世纪30年代菲尔德博物馆的实景模型中，尼安德特人的姿势、面孔和站位让观众离开时都接受了尼安德特人是原始野蛮人的故事。）化石的重建提供了肌肉、皮肤、毛发和动作的视觉维度，给化石注入一种“真实”感，而这是单凭描述——无论多么细致——永远无法比拟的。

南非比勒陀利亚的迪宗博物馆拥有最有趣的汤恩幼儿实景模型之一。50年来，这些建于20世纪60年代末的实景模型，在南非丰富的南方古猿化石记录的基础上，为参观者提供了或明确或隐晦的人类演化故事。有些实景模型是用玩具大小的原始人类搭建的小场景，而另一些则展示了真人大小的场景，令参观者仿佛流连在三百万年前的南非环境中。（2013年，这些实景模型因清洗、修复和重新制作等原因对公众关闭。）自从实景模型建成以来，我们对南方古猿及这一化石物种与环境互动方式的看法已经发生了巨大改变。如果实景模型再次向公众开放，这些对化石记录不断变化的解释——猎人，还是猎物？——应该会反映在它们向博物馆参观者讲述的故事中。[26]

就是向我介绍汤恩幼儿的古人类学教研基地，向我介绍了迪宗（当时叫德兰士瓦博物馆）的这些绝妙实景模型。我最喜欢的实景模型位于二楼，一只已经吃饱的豹子正朝它的巢穴拖一只成年南方古猿，南方古猿的头骨牢牢地卡在它的嘴里——颅骨被牙咬穿的位置在流血，看上去相当可怕。整个场面极其摄人心魄。另一个角落里，一只豹子伏踞在树上，正在咀嚼幼年南猿，树下是成堆的原始人肢体。还有的展区展示了四只南方古猿组成的小家庭，爸爸妈妈带着孩子们玩耍，同时要警惕上方栖息着的掠食性猛禽。毛茸茸的小宝宝名为“汤恩幼儿”，正跟在其他家庭成员身后蹒跚学步。其他场景则突出了早期原始人类对工具的使用，比如成年原始人挥舞着棍棒。嵌入墙体的小立体模型展示了一只年轻的成年南方古猿伸着懒腰，迎接清晨的到来，而其他的南方古猿则在阳光普照的非洲地平线上慢慢醒来。

汤恩幼儿的重建。迪宗博物馆，约翰内斯堡，2013年。（贾斯丁·亚当斯）

这些实景模型讲述了几个故事——早期原始人类在他们身处的南非古环境中只能逆来顺受，很容易成为猎食者的目标。实景模型融入了当前的科学研究，比如咬着头骨的豹子展品直接反映了布莱恩博士的洞穴埋葬学研究成果。南方古猿小家庭的感染力更加直击人心，成年南方古猿保护、陪伴它们后代的行为充分表现出人类的特征。这些故事有助于建立南方古猿群体的能动性，让南方古猿在更宽泛的人类演化背景下，更像现代人。让我们对这一物种产生了同情和共鸣，因为我们在熟悉的场景中认出了自己。正如斯坦利·库布里克所言，挥舞棍棒成了明确的文化主题，实景模型使人类祖先在严格的科学场景之外拥有了一片叙事空间。

汤恩幼儿出土后不久，它的面部重建工作就如火如荼地展开了。1925年，在拜访达特实验室期间，罗伯特·布鲁姆就画过一张汤恩幼儿老年形象草图。他给成年的汤恩幼儿画了一副非常浓密的眉毛、完整的猿类面部、黑猩猩般的毛发，还加了点儿疑惑的表情。达特在大学办公室里还保存着另一幅装裱过的汤恩幼儿钢笔素描，那幅画上的原始人是个年轻的捣蛋鬼，仿佛一只爱搞恶作剧的精灵，笑得露出了牙齿。

对化石的艺术表现——无论通过卡通素描还是博物馆实景模型——是将面孔和身体赋予静态物体，使我们通过艺术手段获得更多对化石的“理解”，而不仅仅是阅读化石的介绍铭牌。迪宗博物馆只是一个例子，在众多博物馆中，汤恩幼儿的身后生活在各式各样的背景中通过实景模型得到了展现。虽然品质参差不齐，但都在向观众讲述着化石的故事。[27]

如果说汤恩幼儿的肖像画和照片为艺术与科学的交汇提供了一个官方的，甚至是正式的视角，那么其他艺术媒介则为普通观众与化石的见面搭建了桥梁。“骨头的生活”就是这样一场展览。2011年5月，在约翰内斯堡的起源中心举办的这次展览大获成功。该展览（及其配套书籍）凸显了三位南非艺术家——琼尼·布伦纳（Joni Brenner）、格哈德·马克思（Gerhard Marx）和卡罗尔·奈尔（Karel Nel）构想中艺术与科学的并置。按照艺术家们的描述，他们的作品直接或间接地从人类和化石骨骼中汲取灵感，展示了“骨骼如何与人类起源、演化、深层时间、血统、祖先和归属等问题相交织”。[28]他们的作品还从南非历史中汲取了大量营养。

布伦纳为展览创作的水彩画，用黑红、暗红色和黑色从各个角度描绘出了汤恩幼儿的形象。一些作品中，颜料流淌过汤恩头骨的一部分，为汤恩的故事增添了独特的布伦纳色彩。“往往发生在骨骼遗迹和原始人类化石注模面前的对话，反思了认识、领悟和讲述的方式；反思了关于历史，我们能和不能知道的事情；反思了能影响我们如何理解物质遗迹和我们自己的自然和社会力量。”布伦纳解释道。[29]

◎◎◎

2009年，作为汤恩幼儿遗产的一部分，一件奇特的文物被威特沃特斯兰德大学菲利普·托比亚斯灵长类动物和原始人类化石实验室收入其化石库中。1925年温布利举办的大英帝国博览会结束后，达特请人制作了小木盒来存放汤恩幼儿化石。盒子染成中度深棕色，唯一的艺术细节是黄铜锁扣上配有花卉形象的精致卷须纹路。外面的缺口和划痕诉说着多年来的辗转和跋涉。盒子里装着汤恩幼儿化石的三个部分：脸部的骨质部分、下巴和颅内模。1931年8月，达特访问伦敦期间，他的妻子朵拉不小心把化石——据说在木盒里——落在了出租车里。达特很喜欢讲这个故事：出租车司机打开盒子，震惊地发现里面的头骨化石，并立即交给伦敦警方。第二天早上，同样震惊的警察将化石交还给了朵拉。

最近几十年里，将化石和盒子一起展示简直成了一项习俗，因为盒子和化石已经有了很多共同的历史。当菲利普·托比亚斯教授（他本人也是达特的学生）向不同人群展示化石时，把化石从盒子里拉出来是汤恩幼儿观看体验的一部分。体质人类学家克里斯蒂·鲁顿（Kristi Lewton）博士这样回忆看到作为托比亚斯博士演示一部分的盒子：“汤恩幼儿是古人类学最重要的化石发现之一，学术地位不言而喻，而现实中，它被安置在简陋的木盒中，锁在基本上算是壁橱的地下室里，二者的鲜明对比令我大受震撼。当时我想：‘谁能想到这么不可思议的伟大发现就躺在壁橱里呢？！’”[30]

在木盒里待了几十年后，化石搬进了新的亚克力盒子。消息公布后，约翰内斯堡的媒体纷纷来到实验室见证这历史一刻。退役的盒子拥有了原始人类库中的标本编号，对应汤恩1号，即汤恩幼儿本身的标本编号，从而与化石标本不可逆转地绑定在了一起。现在盒子贴着整齐的标签，躺在汤恩幼儿旁边。

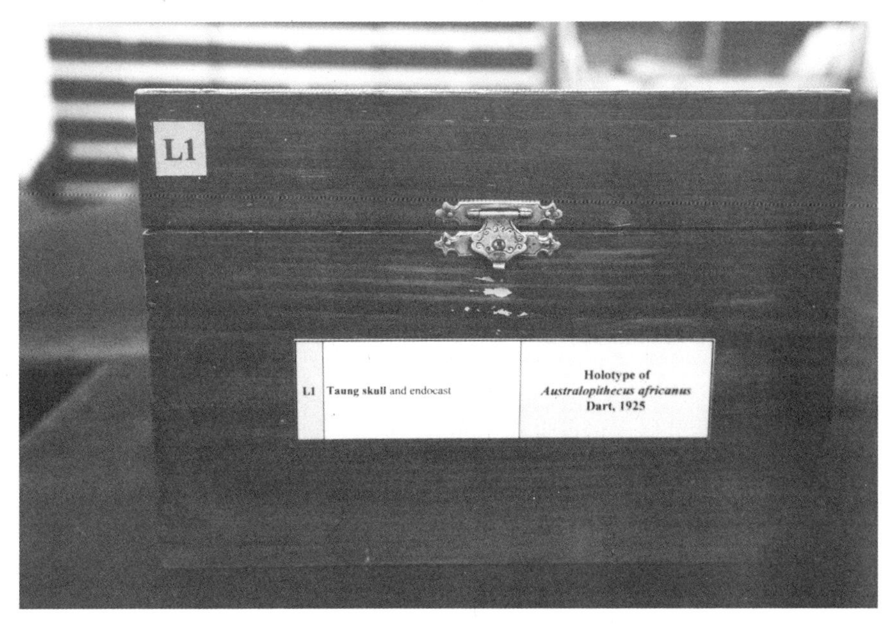

最早用于存放汤恩幼儿的储存箱。已不再使用，现拥有登记号和目录编号，存放于威特沃特斯兰德大学的原始人类库中，在汤恩化石旁边。（莉迪亚・派恩）

这只旧木盒进入化石档案馆，真正成为近90年前发现的原始人类化石的文化延伸。有意思的是，它是化石档案中唯一的“文化”文物，是手工制品变成的遗产。达特用妻子的织针撬出化石后留下的岩石角砾岩基质，与化石、盒子一起存档，目前都存放在原始人类库。将汤恩幼儿的盒子加入实验室收藏这一举动，透露出许多关于存档的内容、方式和原因的信息——这是汤恩幼儿自身文化历史的证明。由于实验室里存放着许多南非著名原始人类标本，盒子的加入构成了科学物品和文化物品的有趣共存，显示了科学收藏的流动性。原始人类实验室存放着化石——实体的、有形的化石，也存放着历史、故事以及化石与古人类学的关联。

◎◎◎

化石英雄需要观众，汤恩幼儿当然有很多观众。威特沃特斯兰德大学的现任化石管理员伯恩哈德·齐普费尔（Bernhard Zipfel）博士这样描述他观察人们与汤恩幼儿化石互动的经历："作为化石管理员，我有幸成为极少数经常有机会看到和摆弄汤恩幼儿头骨的人之一。当我把头骨展示给科学家或普通人时，那种几乎可以预料到的惊奇表情显然不仅源自其作为南方古猿非洲种类型标本的科学意义，这块小小头骨纯粹的美感也是原因之一。"[31]

在像汤恩幼儿这种明星化石和新测量方法论的引入之间，存在着一种有趣的关系。明星化石是古生物学界的支柱——它得到了充分的理解、研究和内化。因为许多其他方法论都以明星化石作为测试范例，所以测试新方法论就变得更加重要。例如，作为捕捉物体三维信息的方法，化石数字化首次被引入古人类学界时，汤恩幼儿是第一批被数字化的化石之一。1985年，为配合化石发表60周年大庆，这幅三维扫描图以近乎艺术肖像画的形式发表在《国家地理》杂志上。电子计算机断层扫描问世后，汤恩幼儿再次成为最早被扫描的对象之一。一块著名化石——即便得到的研究像汤恩这样充分——在化石档案中也不仅仅是躺在历史荣誉上。它仍然在提出和回答科学问题。古人类学家李·伯杰（Lee Berger）博士提出过这样一个简单的看法："汤恩幼儿具有代表性。"[32]

更多类型的测试应用在化石身上，化石就更加保持住它的地位。这就是古人类学的马太效应，得到研究的化石会得到更多研究，而被研究得较少的化石则愈加没有机会获得研究。就在研究较多的化石得到更多研究时，相关的名气也就更明显、更突出、更现实。与著名科学事物有关的发现者和研究者本身也成了科学名人。

深入探究汤恩幼儿的明星民间英雄特质是很棘手的。仅仅这样说是不够的："这是一块著名化石，凭借它的名气，它巨大的科学价值使它成为明星。”名气并不会靠三段论来实现。影响今天我们对化石看法的因素，当然有它的发现，但也有它的历史、意义和神秘性。克里斯蒂·鲁顿回忆了她亲眼看到汤恩幼儿化石的经历：“看到货真价实的汤恩幼儿，我一下子像被勾住了魂儿——这是历史的复活。21世纪初，我看到化石的时候，托比亚斯教授是古人类学的核心人物——称得上活着的传奇。我们每个观看化石演示的人都听说过汤恩幼儿的起源故事。所以能亲眼看到这块化石，真让人不可思议。”[33]

汤恩幼儿继续影响着它的观众们。它是古人类学早期一块引人注目的化石，但也反映了20世纪初，人们“搞科学”的各种手段。虽然人类与南方古猿非洲种之间的演化关系在20世纪中叶就已得到解决，但530万年至250万年前，汤恩及其物种如何在南非古地貌上生活的问题仍然令科学界着迷，也吸引着公众的想象力。

汤恩幼儿声名大噪的原因，是几十年的研究，是皮尔当的陨落，更是雷蒙德·达特博士专注而执着的决定论——是他用努力最终证明了化石是人类的祖先。在古人类学历史典籍中，化石本身是劣势者，而它一直在抗争，只为获得现代人类演化祖先的地位。

第四章

北京人：古人类学黑色奇案

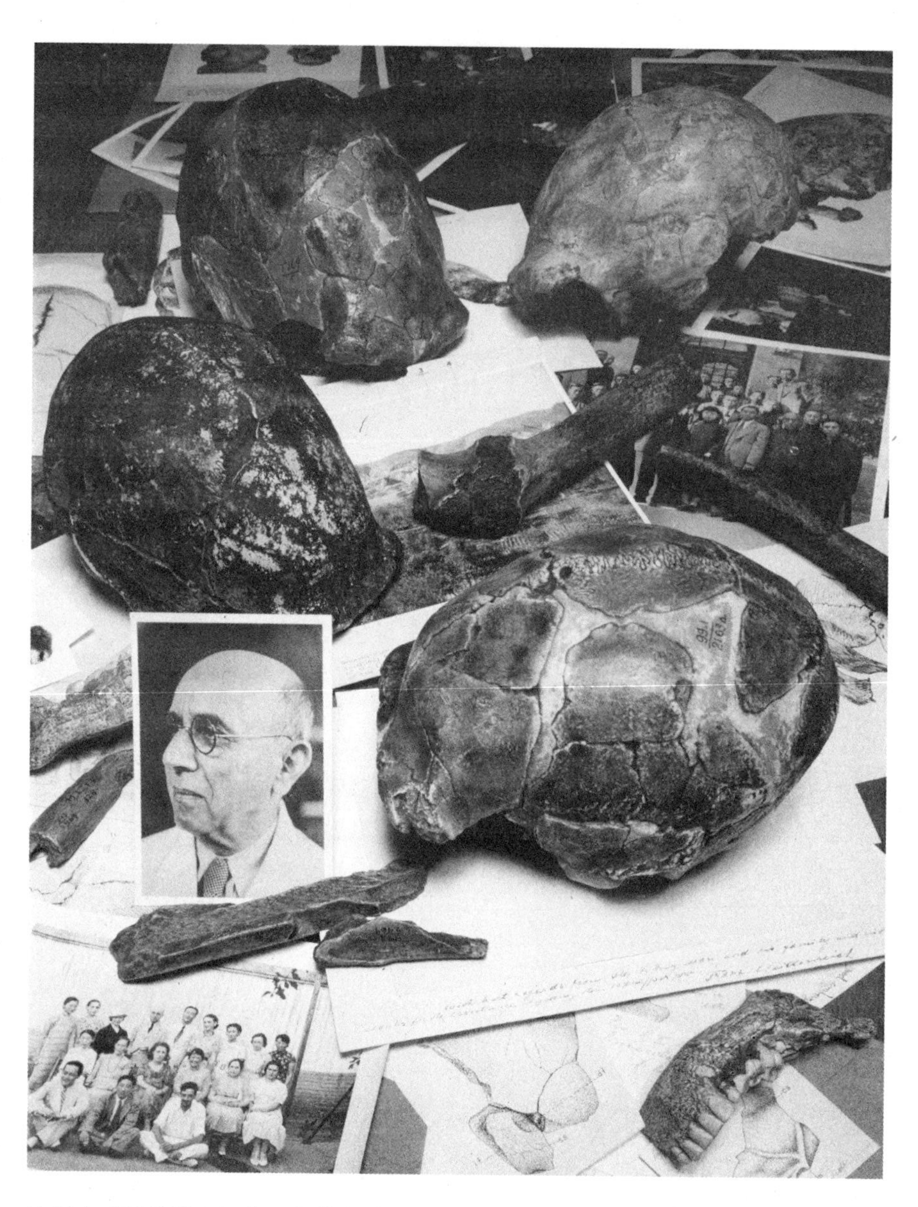

这幅合成图片显示了古人类学家魏敦瑞（中间）于1941年从中国带到纽约的原始人类头骨化石注模和骨骼碎片、图纸和纪念品。化石遗骸于1929年至1937年发现于周口店，魏敦瑞将其归类为直立人，通常称为北京人。（约翰·里德/Science Source网站）

2011年，瑞典乌普萨拉演化博物馆，佩尔·阿尔拜尔（Per Ahlberg）博士、马丁·昆德拉特（Martin Kundrát）博士和馆长扬·奥韦·艾贝斯塔（Jan Ove Ebbestad）博士拆开馆内存档的40个化石收藏箱，编目其中物品。20世纪20年代到30年代，箱子里的东西从中国著名考古遗址周口店打包运往瑞典，那时起，箱子就一直没打开过。在该遗址的动物化石箱中，瑞典研究人员发现了一颗原始人类犬齿。牙齿有缺口，表面磨损严重，深褐色的牙根就在牙龈线下方断裂，但这颗牙齿与人类牙齿出奇地相似。

瑞典科学家将这颗牙齿送到他们的同行北京古脊椎动物与古人类研究所的古生物学家刘武和同号文那里进行分析。刘武和同号文确定，牙齿是犬齿，应该属于北京人——20世纪上半叶在周口店出土的一系列化石。今天，北京人在分类学上被归为直立人——人类演化树中已灭绝的更新世物种，大约有75万年的历史。不过刘武和同号文的描述也意味着这颗牙齿有一定的历史性特质。北京人——多个头骨、下颌骨、牙齿和其他骨骼的统

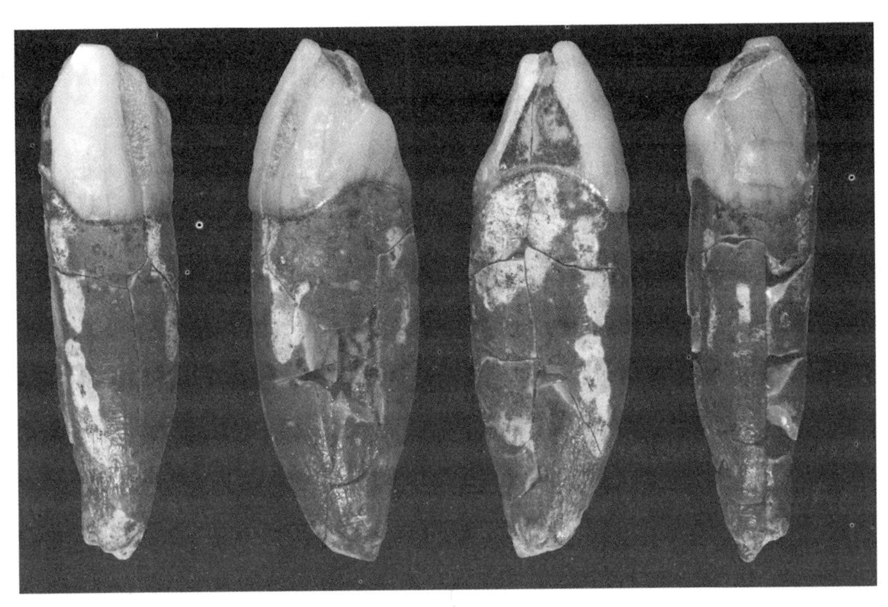

北京人组合中找到的犬齿。乌普萨拉大学演化博物馆档案馆，2011年。（瑞典乌普萨拉大学演化博物馆。经许可使用）

称——是20世纪初最著名的化石发现之一。被鉴定为北京人后，这颗牙齿化石成了失而复得的文物。[1]

◎◎◎

完全根据不连贯的细节来建立连贯的叙事是很难的，北京人的故事就充满了这样的细节：化石的故事是由许多故事拼凑起来的，没有明确的开头，也没有明确的结尾，只有许多中间情节。其他的标本，比如拉沙佩勒的老人、汤恩幼儿等都有非常具体的发现时间和科学文化人设，而北京人只有许多被反复讲述着的故事，沿着民族主义、科学和历史的道路形成了具有重要意义的神话。

20世纪的前10年，古人类学的化石藏品很少，也没有来自亚洲大陆的化石。（当时历史记录中唯一的亚洲化石是欧仁·杜布瓦于1891年在印尼爪哇岛发现的爪哇人，学名*Pithecanthropus erectus*，也就是今天所说的直立人——*Homo erectus*。）到了20世纪20年代，多方动因促成了中国的化石和人类演化研究活动，包括中国在地质学和人类学领域的研究初露头角，以及外部研究者的投入，他们对中国考古学和古人类学中的器物和化石很感兴趣。

表面看来，北京人的故事似乎相当简单明了。1921年夏天，年轻的奥地利古生物学家师丹斯基（Otto Zdansky）在距北京约50公里的周口店洞穴考察时，发现了第一颗后来被归类为“北京人”的原始人类臼齿化石。他捡起臼齿，放进口袋。这块化石最终和其他考古材料一起得到分析，所有骨骼材料作为新物种*Sinanthropus pekinensis*（北京人）的一部分发表在1927年的《中国古生物志》上。1927年10月16日，又发掘出了一颗北京人牙齿，加拿大古人类学家步达生（Davidson Black）博士自信地认为，这些化石代表了一个全新的人类祖先物种。十几年的时间里，周口店又陆续发现了头骨、下颌骨、牙齿、骨片等其他北京人化石。这些化石相当于足足40

个北京人个体。人们制作了注模复制品，在博物馆举办了展览，还加入了关乎国族的叙事。然后，1941年12月，有人试图赶在日军入侵之前，将化石运出中国，但这一过程中，化石丢失了。化石失踪后，其名望通过注模和照片得以维系。但是，它们的失踪之谜和去向问题撩拨着科学界的好奇心，吸引着大众的想象力，而中国政府对它们的兴趣更是无须多言。不过，所有寻找化石的尝试都以失败告终。

当然，北京人的故事实际上要复杂得多，也有趣得多。1914年，瑞典地质调查局局长安特生（Johan Gunnar Andersson）博士来中国时，被聘为中国政府的矿业顾问。安特生自称“采矿专家、化石收藏家及考古学家”，曾于1901年至1903年在南极洲领导瑞典的调查工作。[2]他的到来以及他对化石的兴趣，促使他和他的中国、瑞典同事一道，在中国北方地区开展了一系列调查，并开创了新的现代研究方法论。人们对中国历史、史前史和古代史日益浓厚的兴趣将中国推上了一条清晰的轨道，沿着这条轨道，中国将在20世纪中叶成为考古学和地质学领域的一支重要科学力量。“对20世纪20年代的许多人类学家来说，亚洲似乎是最有可能成为‘人类摇篮’的地方。”历史学家彼得·凯尔加德（Peter Kjaergaard）博士指出，“名气、声望和金钱都与对人类最早祖先的追寻紧密相连，因此，参与其中的人其实押上了很多东西。几个国家都在争夺进入中国这个‘古生物伊甸园’的机会。”[3]

德国古生物学家马克斯·施洛瑟（Max Schlosser）十多年前在中国旅行时发现的“龙骨”引起了安特生对中国化石的兴趣。安特生抵达中国时，施洛瑟发现的化石已经被分类鉴定为90种哺乳动物。许多早期的化石收藏家是通过中国当地人寻找标本的。当地人搜寻的“龙骨”——对化石的称呼——是传统药物的成分。考古学家们向龙骨搜寻者征求线索、建议以及药师们已经收集到的化石。在施洛瑟的化石收藏中，一颗像是人类第三颗上臼齿的化石引起了安特生对其发现地的兴趣，他认为亚洲该地区非常适合探寻人类起源。在安特生看来，这颗孤零零的牙齿意味着这里有明确的证据证明中国存在过早期人类，而他要做的就是找到它。从1914年到1918

年，安特生花钱请当地技术人员（他称之为助理）在山西、河南和甘肃开展化石搜寻，希望能成功找到“龙骨”或其他有趣的古代物品。安特生的助理们找到的任何材料都被迅速送到乌普萨拉古脊椎动物学研究所的卡尔·维曼（Carl Wiman）教授那里进行研究。1920年秋末，安特生的助理刘长山带着几百件石斧、石刀等石器回到北京，这些石器都来自河南仰韶村的某地。

安特生工作中特别重要的一点是，他依靠地质学方法开展发掘，并致力于科学方法论的研究。“有了地质学，以及作为时间维度探索手段的地层学原理，便不可能再有任何科学的考古学或考古发掘以描述文物背景为特征。”历史学家马格努斯·费克斯约（Magnus Fikesjö）博士指出，“在中国考古学的发端时期，安特生通过地质学，通过观察地层形态和勘察地貌，寻找可能成为新发现的古生物和人类遗迹的痕迹，从而获得了名声和地位。”[4]文物被划分到特定的地层中，遗址可以被解读为一连串的事件，每件出土文物都可能提供这些事件的相关线索。依靠地质学的科学框架，最初的发掘——以及后来在周口店的发掘——在中国牢牢确立了现代科学的地位。

1918年，安特生对化石的兴趣引起了同行们以及翟博（John McGregor Gibb）的共鸣。当时在北京教授化学的翟博向安特生展示了一些红色黏土覆盖着的化石碎片，它们来自周口店附近的龙骨山。（周口店距北京约50公里。）1918年3月22日，安特生从北京的家出发，骑着骡子赶了一天的路，到周口店地区展开探索。安特生在那里发现了大量石灰岩洞穴，里面有断层交错的深厚沉积带。传说——及口述历史——认为周口店地区早在宋代（960年至1279年）就首次被认定为化石产地，当时该地区出现了石灰窑的考古证据。千百年来，地下水对石灰岩的侵蚀形成了洞穴和裂缝，形成了传说中龙骨的典型地貌集聚区。

经过初步探索，安特生坚定了自己的想法——这里是开展系统工作的理想之地。1921年，他指派年轻的奥地利古生物学家师丹斯基对该地区的一部分展开调查。刚毕业于维也纳大学的师丹斯基加入了团队，为乌普萨拉大学收集化石。“我总感觉这里躺着人类祖先的遗骸，只不过需要我们去找到他。”安特生在师丹斯基到达周口店后，迫不及待地对他说，“慢慢来，坚持住，大不了就把山洞挖空。”[5]因为师丹斯基不领工作报酬（不过日常花销无须操心），所以他以此为条件，换取了周口店发现的所有化石的描述权。师丹斯基多少有些不情愿地开始了周口店的发掘之后，安特生转而专注于吸引其他科研机构对遗址的兴趣、组织资助和捐赠，以及增进人们对遗址重要意义的认识。一次工作中，安特生请葛兰阶（Walter Granger）来寻找“早期人类”，葛兰阶是美国自然历史博物馆派遣探险队的首席古生物学家。安特生计划让葛兰阶注意到中国对史前史研究的价值，以及中国可以为发展中的科学领域做出的贡献，从而将中国化石不偏不倚地推向亚洲古人类学蓬勃发展潮流的最前沿。

1921年的野外发掘季，师丹斯基挖出了一颗牙冠破损、有三个牙根的牙齿。“虽然师丹斯基并不承认周口店的石器是石器，”凯尔加德认为，“但他很快就意识到周口店确实埋藏着古人类遗迹。然而他一直秘而不宣，把发现的牙齿收了起来。他自己的解释是不希望因为发现潜在人类祖先而冲昏头脑，影响更重要的工作。不过，他当然清楚这对他的事业意味着什么，对于一份没有薪水的工作，这是怎样的一种补偿。”[6]

不过，1926年瑞典王储访问该遗址时，师丹斯基确实曾主动向到访者们呈现了这颗牙齿。但直到1927年，这颗臼齿才由遗址的工作人员公布出来，连同从箱子里的发掘材料中找到的另一块牙齿碎片。经鉴定，这颗牙齿是口腔右侧的臼齿，师丹斯基暂时将其归为人属。（他在物种名后面加了个问号。）虽然师丹斯基在1923年发表了他的周口店经历——包括所有被发现和鉴定的物种的化石目录清单——但那枚存疑的人属牙齿明显不在其中。接下来的1923年野外发掘季后，师丹斯基回到乌普萨拉，将这颗牙齿与他发掘出的标本进行了简单的分析。虽然他退出了周口店的后续研究，但一颗原始人类牙齿的发表标志着人们在该遗址的发掘工作开始专注于寻找人类祖先了。

◎◎◎

“早期人类”，或者说一个难以找到的原始人类祖先的存在——哪怕存在的标志只是两颗牙齿——足以促使洛克菲勒基金会等国际机构向周口店的发掘工作投入资金。到1927年，洛克菲勒基金会的资金已经到账，在中国科学家丁文江博士（项目名誉主任）和翁文灏博士（后来的中国地质调查所所长），以及加拿大古人类学家步达生博士的领导下，系统的发掘工作正式开始。四位科学专家——步林（Anders Birger Bohlin）博士（由妻子陪同）、李捷、刘德霖和谢仁甫——负责发掘和实验室工作。其他工作人员包括一名现场管理人员和厨师。野外团队成员住在刘珍（Liu Zhen）旅店，这是一家驼队驿站，只有九间潮湿的小土坯房，距离遗址仅两百米。李捷以每月14元的价格将其租下。1927年至1931年，这里成了野外挖掘的大本营。1927年3月27日，初步野外调查工作启动。研究人员对整个周口店复合体展开了系统调查。早期范围仅覆盖北京人遗址本身，而他们将调查范围一直扩大到房山县城。随后在1927年4月16日，全面的发掘工作开始。

除了提供发掘资金，洛克菲勒基金会还资助了新生代研究室的建设和管理。该实验室由步达生、丁文江和翁文灏于1928年成立，在步达生从洛克菲勒那里获得的八万美元资金的帮助下，该实验室成为北京协和医学院的一部分。实验室专门负责管理北京人的材料，因为通过挖掘和爆破，从周口店遗址产出的材料数量之多令人瞠目结舌：1927年野外发掘季的化石标本居然装满了五百个箱子。随后这些化石材料大部分被运往瑞典远东古物博物馆。（化石从北京运到瑞典的过程并非万无一失。1919年11月，瑞典的“北京号”轮船带着八十二箱动植物化石在运往瑞典途中因风暴而沉没。化石的丢失对安特生早期的研究造成巨大打击。）[7]

1927年10月16日，也就是野外发掘既定结束日期的前三天，团队开始总结发掘工作时，在师丹斯基多年前发现牙齿的位置附近，又发现了一颗原始人类牙齿。在1927年10月29日的一封信中，步达生给当时在斯德哥尔摩的安特生如是写道：

> 我们终于得到了一颗漂亮的人类牙齿！
>
> 真是令人欣喜，不是吗？
>
> 步林出色又热心，他没有让当地的艰苦条件或军事演习影响调查……我自己也走不开，因为每天都要处理委员会的工作，无法脱身。谢仁甫因地方战事，不能到周口店。10月19日晚六点半，我从办公室开会回来时，发现步林穿着现场的工作服，满身灰尘，脸上却洋溢着幸福的笑容。他克服战争带来的不便完成了这一季的工作，在10月16日找到了这颗牙齿。他在现场亲眼见证了牙齿从基质中显露出来的过程！我很激动，很兴奋！步林曾瞒着妻子来到北京——他肯定是和我有同样志趣的人，我希望你能告诉维曼博士，我非常感谢他帮助确保了步林在中国的工作。
>
> 现在我们在北京有五十多箱材料，都是去年7月上次军事危机时运来的，但是还有三百多口更大的箱子没有从周口店运来。调查局的李先生正忙着申请车厢将这些物资运回来。两节车厢都不够！[8]

他的热情是有道理的。1929年之前，周口店的发掘工作只产出了几颗单独的原始人类牙齿——并不比1921年至1927年的收获多出多少。1929年的野外季开始了对周口店沉积层中段的发掘——这些沉积层位于穿过遗址的北部裂缝以西。事实证明，1929年的野外发掘季是周口店发掘的真正转折点，而这很大程度上要归因于当年12月的发现。“龙骨山”——安特生早期笔记称之为“53号地点”——改名为“1号洞”，并在随后的所有文献中都以这个名字出现。该项目每年向某煤业公司支付90元租金（龙骨山位于这家公司名下的采石场），1927年后租金提高到180元。为防止发掘者们担心的“敲诈”，新生代研究室支付了4900元的“天价”，获得了该地的永久使用权。

步林和李捷共同承担行政和科研事务，古生物学家、人类学家裴文中教授却要独自应付运行如此庞大的遗址带来的繁重后勤工作。裴文中在几十年后的采访中回忆道，1929年4月步达生离开后，他接管了遗址的管理工作，然后抑郁症发作。

到1929年11月，该遗址被证实有极其丰富的动物群。例如，曾经在一天之内就挖掘出145个羚羊下颌骨。与完整的猪头骨、水牛头骨以及鹿角一起，这批羚羊成了动物群记录的一部分，然而人类牙齿却很少。不过在1929年12月2日临近傍晚的时候，中国的人类起源故事又有了新的化石角色。工人们在周口店第五层地层中发现了一个头盖骨。头盖骨的存在无可辩驳地证明了人类演化的故事与中国早有关联。通过这一次的发现，中国历史将其古老性上溯到更新世，并成为发展中的人类起源科学的一支重要力量。

20世纪50年代，中国，考古学家和工人们在北京人发现地开展发掘。（Science Source网站）

发现时的兴奋之情不言而喻。在1980年的一系列采访中，裴文中回忆了1929年12月2日的细节：

下午四点多钟，天色已近日落，冬日的寒风令现场冰冷彻骨。大家都很冷，但还是在努力寻找更多的化石……每个人都被那么大数量的化石吸引着，大家都下去看了看，所以我知道下面的裂缝是什么样子的。

我们一般都用煤气灯，因为它比较亮。但是坑太小了，工作人员都要一只手拿着蜡烛，另一只手工作。[9]

史前学家、考古学家贾兰坡博士是这样回忆第一个北京人头骨的发现的：

也许是天气寒冷的缘故，又或者是时间较晚的关系，空气仿佛都要凝滞了，只有偶尔有节奏的锤子敲击声打破了平静，说明坑里还有人。“那是什么？”裴突然喊道，“人类头骨！”寂静中，所有人都听到了他的声音。

裴在看到化石后就已经下去了，这时他就留在了有人说的圆形物体的位置，和技术人员一起工作。物体的更大部分暴露出来时，他喊了起来。他身边的每个人都为这个期待已久的发现而兴奋和欣慰。

有些人建议立即把它取出来，另一些人则反对，因为他们担心在这么晚的时间鲁莽行事，可能会损坏它。“它已经在这里躺了成千上万年，再躺一晚又怎么样呢？”他们争辩道。但是，漫漫长夜，悬而不决，让人无法忍受。[10]

裴给步达生的简明电报恰如其分地反映了当时的情绪。“发现头骨——完美——看起来像人类的。”[11]起初这个消息几乎没有人相信，怀疑论者要么怀疑裴正确识别化石标本的能力，要么不肯相信发掘工作会如此幸运，因为发掘工作已经持续了两年，只有那颗偶尔发现的牙齿可以证明他们的努力。在1929年12月5日写给安特生的信中，步达生写道："昨天我接到周口店裴先生的电报，说他明天就会到北京，带着他认为完整的北京人头骨！我希望那是真的。"[12]

不过，仅仅找到化石还不够。标本必须被小心翼翼地挖掘出来，然后运到新生代研究室。挖掘和存放化石的工作比较棘手，因为那块北京人化石刚刚出土的时候，出于洞穴沉积物的缘故，比较湿软，很容易被破坏。因此，标本必须晾干后才能往北京运送。裴和同为考古学家的乔德瑞、王存义日夜守在火堆旁，将头骨烘干。接下来裴小心地用纱布层层包裹标本，纱布外敷上石膏，再次烘干，然后裹上两床厚厚的棉被和两张毛毯，再用

周口店发掘现场，显示化石如何在原地被包裹以便安全移走。影像来自派拉蒙新闻，20世纪30年代早期。（影像由美国自然历史博物馆图书馆和米尔福德·沃尔波夫博士提供）

绳子把整个标本捆扎牢靠。从一层层土壤和洞穴沉积物中被小心挖掘出来的东西，现在又被套上了由文化层次和材料构成的新地层。1929年12月6日，裴在新生代研究室将第一个完整的北京人头骨组合交付给步达生。

1929年12月28日，中国地质调查所召开特别会议，宣布了这一发现。次日，外国媒体报道了这一现象级化石发现，消息迅速传遍全球科学界。英国解剖学家格拉夫顿·埃利奥特·史密斯（Grafton Elliot Smith）等科学家——尽管当时还在专心梳理"皮尔当人"的解剖结构——于1930年9月到北京考察"北京人"化石。接下来的几年里，新生代研究室在周口店遗址继续发掘，又发现了更多的头骨、颌骨和牙齿碎片。所有这些化石都被归为北京人。[13]

1934年3月16日，步达生去世了——那天早晨，有人发现他在努力赶工的过程中死去了，当时周口店标本还摆在他的面前。1935年，德国解剖学家魏敦瑞博士接管了步达生的工作。魏敦瑞对细节的关注和科学上的才华将周口店化石的科学重要性推到了科学界前沿。遗憾的是，魏敦瑞并不像步达生那样善于交际、平易近人。他把所有的行政组织和事务都交给了实验室的中方同行——曾在1928年到1933年指导周口店发掘工作的杨钟健。由于魏敦瑞对行政事务的讳莫如深，洛克菲勒基金会不再向新生代研究室提供直接支持，不过基金会继续资助周口店的发掘工作，拨下了能让工作持续到1937年3月31日的款项。洛克菲勒基金会在会议记录中承认，该遗址对中国和国际社会来说都具有重大的科学意义：

> 北京附近周口店洞穴中的古生物发现是我们对古人类的认识中最有趣、最重要的进展之一。这项工作在科学上的重要性毋庸置疑，该计划的失败将是重大的科学损失。此外，该项目从一开始就与北平协和医学院紧密相关。它代表了中西方学者之间的精诚合作，在科学能力和成就方面，它在中国的经验是杰出的。人们不免担心，步达生博士的去世意味着项目基本结束。然而，曾

在法兰克福大学和芝加哥大学任职的魏敦瑞博士，自1935年3月上任以来，在学术水平、行政能力、谋略等方面表现出的必备素质，足以将步达生博士开创的工作卓有成效地推进下去。[14]

尽管得到了这样的认可，但是1937年抗日战争的全面爆发以及战争带来的困难，意味着周口店的发掘工作不得不停止，化石则被小心翼翼地锁在实验室里。魏敦瑞担心，如果日美开战，日本人就会接管实验室。1941年夏天，魏敦瑞坚持要求制作更多骨骼复制品。1941年年底，魏敦瑞离开北京，选择去美国自然历史博物馆工作。

◎◎◎

那么，是什么让北京人成为“北京人”呢？分类学上，北京人是被安特生及其同事命名为*Sinanthropus pekinensis*（中国猿人北京种）的物种的一部分——不是单独的个体，而是一系列现在被称为直立人的个体。步达生最初的形态学研究描述了一个类似于现代人类的物种，脑比较大，不过头骨和骨骼大小总体上差不多。然而，北京人的不同之处在于，它有浓重的眉毛和下巴后缩的巨大下颌骨。地质学上，该遗址的年代在75万年至20万年前。今天，凭借对该遗址的文物大量细致的分析，我们知道该物种制造了复杂的石器，而且是智人之外第一个系统地、可控地使用火的物种。然而，从历史角度看，“北京人”这个称呼指的是周口店发现的化石群。因此，“北京人”既指分类学的时期，又指历史文物的身份。

“化石拥有了巨大的名声，尤其是在20世纪20年代和30年代，它们被赋予了鲜明的个人特色。”历史学家克里斯托弗·梅尼亚斯（Christopher Manias）博士解释道，“你确实会感觉到，媒体和公众是把‘北京人’当作一个明确的个体来谈论，并试图搞清楚‘他’是什么样的人：他是谁、生活在什么年代、有什么样的道德标准，吃什么、和‘我们’有多像，等等。”[15]

其他化石发现与民族主义也有着明确的关联——皮尔当人就被吹捧成了“最早的英国人”——但没有其他发现像北京人那样与科学的发展有着不可分割的联系。许多标准史学都认为中国现代地质学的发展是受到了帝国主义的影响，但其实只有少数中国学生到过西方留学，然后在20世纪初到中期，带着西方的技术和理论回国。这与英国殖民地的科学不同，因此，中国古人类学与南非汤恩幼儿古人类学也不同。欧洲古人类学界对汤恩幼儿嗤之以鼻的原因之一是，化石和对化石的祖先解释都归于殖民地——南非，他们认为应该得到欧洲（特别是英国）权威们的认可。

科学方法和框架的引入，为中国在全球地质科学规范中的存在和参与提供了合理化的手段。“对中国的地质学先驱来说，国家与科学之间的联系更为基本。无论是收集岩石和化石，还是阐明地球过程，他们在某种意义上都是在直接研究中国，并将其纳入全球叙事之中。”历史学家沈德容博士认为。[16]参与这些地质学和考古学新框架成为中国参与构建全球地质科学现代性的一种方式，中国成了古人类学研究的重要参与者。事实上，很难想象还有比寻找“早期人类”更全球化的视角——毕竟，全球化正是周口店项目的特色。它得到了众多国际参与者的支持，遗址及其宝藏意味着北京人在早期具备国际化的身份。遗址的工作人员除了中国人以外，还有加拿大人、瑞典人、奥地利人、德国人和法国人。此外，周口店的发掘还利用了多个致力于研究考古学、人类演化和人类历史长河的科学、知识网络，由于和瑞典方面保持着长期的联系，加上法国的参与，这个项目是与国际接轨的。[17]即便受到这样的国际关注，化石本身也依旧是中国及其历史的强大象征。

◎◎◎

部分周口店化石发现的具体时间有些模棱两可，而化石消失的日期却是确凿无疑的——但具体情形，哪怕在几十年之后，都远未明确。而和北京人大致一样，这个故事也有长短两个版本。

短篇版本中，北京协和医学院的研究人员，尤其是魏敦瑞，由于中日关系在1939年至1941年间日趋紧张，担心化石的安全问题。1941年12月8日，珍珠港遭到轰炸之后，美国对日宣战，日本军方接管了北京协和医学院。由于担心化石会遭到劫掠或彻底毁坏，该学院小心翼翼地将北京人化石装箱，打算将其偷运出中国，运往美国或欧洲。这些化石被装在两个箱子里，运往美国海军陆战队在霍尔科姆营的基地。按照计划，化石会在那里被送上美国军舰“哈里森总统”号并运出。然而，化石抵达之日恰好在美军基地向日本人投降的前几天。从化石离开北京到装上“哈里森总统”号之间的某个时刻，化石在混乱和骚动中遗失了。

长篇版本读起来就像达希尔·哈米特（Dashiell Hammett）的小说一样——有神秘，有阴谋，有事实，但更多的是虚构。就像小说里的硬汉侦探山姆·斯派德受命追踪无价的科学奇珍一样。

作为运送前的准备工作，新生代研究室的解剖技师吉延卿和胡承志用白绵纸将每块化石包好，垫上棉花和纱布，再用白纸包起来。化石被放在小木盒中，四面都有几层瓦楞纸板。然后，小木盒被放入两个未上漆的大木箱中，其中一个约有一张大办公桌大小，另一个稍小。这些木箱被送到北京协和医学院鲍文（Trevor Bowen）财务总长的办公室。日军偷袭珍珠港，以及日本人接管了学院之后，箱子里的化石便开始辗转于不同的储藏室，然后迅速被送到北京东郊民巷的美国大使馆。之前的一切都发生在珍珠港遇袭前三周以内。

两个箱子里装了周口店遗址出土的大量考古资料。例如，桌子大小的1号箱子里塞着七个盒子。1号盒子里有牙齿（分装在七十九个独立的小盒子里）、九块大腿骨碎片、两块肱骨碎片、三块上颌骨、一块锁骨、一块腕骨、一块鼻骨、一块腭骨、一块颈椎骨、十五块头骨碎片、一盒单独的头骨碎片、两盒趾骨、十三盒下颌骨。1号箱子中还有六盒头骨和一小盒猩猩牙齿。除猩猩牙齿外，1号箱子中的所有化石都被归为北京人，这表明十三块下颌骨和九根大腿骨其实是性别、年龄各不相同的多个北京人个体的组合。第二个箱子里也是类似的大批北京人化石遗骸，还有几个猕猴头骨。

实验室对这些箱子也做了仔细的记录，记下了谁包装了哪个箱子，使用了什么样的包装材料。虽然箱子也丢失了，一直没找回来，但有关箱内物品的笔记留了下来。

然而，由于1941年11月和12月初政治和军事局势日趋紧张，中国地质调查所所长翁文灏博士向学院院长胡恒德（Henry Houghton）博士发出呼吁，要求将北京人藏品送到安全的地方。胡恒德请威廉·阿舒斯特（William W. Ashurst）上校——美国驻北京大使馆海军陆战队支队司令——在几天内出发，在海军陆战队的保护下，将北京人藏品送往安全地带。12月5日凌晨5点，海军陆战队的专列装载着北京人化石驶出北京，沿着日军占领的铁路向中国沿海小城秦皇岛驶去。从秦皇岛出发，北京人材料将被装上美国的“哈里森总统”号轮船，前往上海，再从上海向北行驶。

然而，日军偷袭珍珠港打乱了所有计划。为防止“哈里森”号被俘，船员们将其搁浅在长江口，装载化石的海军陆战队列车在秦皇岛被日军俘获。两大箱北京人的遗骸究竟遭遇了什么，一直是人们猜测的话题，这主要是由于目击者们的证词各不相同，而且往往相互矛盾。“那一刻之后发生的事情，在谣言和战争带来的混乱中虚实难辨。”作家露丝·摩尔（Ruth Moore）如是描述北京人失踪案，“三国政府都在努力寻找，但它们还是从世界上彻底消失了，就像千万年以来深埋在龙骨山地下时一样。有一种说法是，日本人把从火车上截获的箱子全部装在一艘驳船上，要把它们送到停在天津附近的货轮上。据说驳船倾覆了，北京人的残骸要么漂走了，要么沉入海底。另一种说法是，抢劫火车的日本人根本不知道这些骨头碎片的价值，要么把它们扔掉了，要么把它们当作‘龙骨’卖给中国商人。如果是这样，它们可能早就被磨成了药。”[18]

◎◎◎

北京人的故事缺乏令人满意的定论，很多人认为化石还在，只等重新发现，所以信徒们展开了几十年的寻找。

于是在1972年，一位来自芝加哥的美国金融家和慈善家克里斯托弗·雅努斯（Christopher Janus）走进了北京人的故事。雅努斯对激起众怒并不陌生，他自己曾拥有并驾驶过希特勒的豪华轿车。此外，1950年，他继承了一个棉花种植园和“五十个埃及舞女”，并让她们表演杂要。恼怒的埃及大使馆花了几个月时间解释说，奴隶制在埃及是非法的，并拼命与雅努斯保持距离，把他看作政治麻风病人。

像从黑色电影中走出来的人物，雅努斯决心在北京人的故事中留下自己的篇章。1972年，他获准访问中国。访问期间，化石的消失引起了他的兴趣。他活力四射的个性刚好和对历史的执着与对文化的兴趣相配。虽然雅努斯不是人类学家——他承认在访问中国并参观北京人博物馆之前，甚至从来没有听说过北京人化石——但他认为自己被周口店北京人博物馆的吴博士选中，受其委托去寻找化石并送回中国。照雅努斯的说法，北京人化石的回归成了个人使命。雅努斯回到美国后，迅速着手寻找失踪的标本，悬赏5000美元寻找它们的下落。

他的《寻找北京人》一书充满了神秘和阴谋——秘而不宣的会议、谍报人员的捕风捉影和跨越国境的密谋。书的前几章描述了化石的丢失，并生动讲述了一位名叫赫尔曼·戴维斯的博士如何把箱子当作牌桌。根据雅努斯的“研究”，戴维斯甚至在日军入侵基地时，用这些装化石的箱子固定他的机枪。雅努斯笔下冒出了好多对北京人的命运提出猜测的人：有的人声称知道它在哪里，有的人则声称遗骸其实就在自己手里。比如，旅居美国的华侨施安德先生声称化石在台湾，他的好友知道具体位置。雅努斯搜索行动的高潮是一次特别诡秘的会面，对方声称化石存放在她已故丈夫的美国海军陆战队鞋柜里——她说，这些化石是他从二战时的驻扎地带回来的。雅努斯和这个女人相约在一个春天的中午，在帝国大厦顶层会面。她说她会戴着墨镜，方便辨认。在天台上，她给了他一张模糊的照片，上面的物体看起来像化石，然后这位女士便彻底消失了。［雅努斯请美国自然历史博物馆的哈里·夏皮罗（Harry Shapiro）查看照片以辨化石真假，夏皮罗表示他对这些材料充其量只是半信半疑。照片非常模糊，而且很"识相地"失了焦。］雅努斯还声称，他对化石的搜寻还在继续，而且——可信度很低的是——得到了来自联邦调查局和中央情报局的帮助，这两个机构"出于国家利益"希望帮他找到化石。[19]

1981年2月25日，因被联邦大陪审团起诉37项欺诈罪名，雅努斯对北京人的追寻戛然而止。检察官指控说，对骸骨的国际搜寻构成了总金额达64万美元的诈骗，雅努斯将这笔资金——52万美元的银行贷款和投资者用于资助搜寻和电影制作的12万美元——的大部分用于个人消费。接受《芝加哥论坛报》采访时，雅努斯坚称他所借的钱都是为了搜索和计划中的电影。被起诉后，雅努斯还暗示，如果联邦政府对他采取行动，美国与中国的关系将被毁掉。"整件事不仅仅是寻找北京人。"雅努斯对媒体说，"这涉及我们与中国之间不宜讨论的某些关系，涉及我们与联邦政府合作的项目。"[20]

大陪审团的结论是雅努斯并没有认真寻找北京人，也没有认真拍电影。但是他们并没有查明他用借来的大部分钱做了什么事情。"他会说，'我瞧哈里森·福特就跟瞧我自己似的。'"《寻找北京人》的另一位作者威廉·布拉什勒回忆道，"他一上来就和我搭讪，让我投资这部电影。他是个很难让人讨厌的人，但是他一只手搂着你的肩膀，另一只手就会掏着你的钱包。"[21]最终，雅努斯承认了两项欺诈罪名。

雅努斯这样的人是硬往北京人的故事里挤，其他一些人，比如克莱尔·塔什简（Claire Taschdjian），则以一种更微妙的方式参与到北京人的传说中。塔什简是北京协和医学院的技术员，也是最后一批见到化石的人之一，她写的《北京人失踪了》是关于化石失踪的虚构记录。（这本书称得上哗众取宠——满篇有气无力的散文，由简单到可笑的情节拼凑起来。）但化石丢失时，塔什简是北京实验室的秘书，由于历史的偶然性，她对化石的评论以及所写的任何东西都能引起全面轰动，因为她是最后见到真正化石的人之一。1975年1月，原版《天堂执法者》播出了一集《争议之骨》，讲述史蒂夫·麦加勒特的团队追踪“世界上最古老的人口失踪案”，他们在夏威夷的一个军事仓库里发现了北京人的遗骸。猎奇、寻宝、神秘，才是驱动情节发展的动力。而正是这种轰动性，切中了我们思考北京人故事方式的要害。现在，化石的名气取决于围绕着它的神秘和阴谋。那么顺理成章的是，我们创造和重复的化石故事，最终也会像化石本身一样被浪漫化。

甚至到了2005年7月，北京市房山区政府又宣布重启对化石的搜寻。来自周口店遗址博物馆的四人委员会开始在全国范围内收集化石下落的线索，甚至在当地报纸上公布了寻访热线。到当年秋天，委员会宣布共收到63条线索。根据多家报纸引用的一位委员会成员的说法，有四条线索看起来“格外有希望”。第一条：一个曾在孙中山政府担任高官的“121岁老人”说他知道化石的确切位置；第二条：一位来自甘肃省西北部的“老教授”在访问日本期间，在东京军事法庭的档案中发现了一名美国士兵很有说服力的证词；第三条：来自北京的刘先生说，他认识的一位老人手里有一块头骨；第四条：另一个北京人说，他的父亲曾是北京协和医院的医生，有一天下班后带了一枚头骨回家，埋在了邻居家的院子里。[22]

这些线索全都无果而终。

◎◎◎

如果化石已经找不到了，北京人又怎么会留下科学遗产？20世纪上半叶，化石标本的注模对古生物学研究来说至关重要。由于化石太贵重、太稀少，不宜跨国运送给其他研究人员，因此在自然历史研究机构网络上来来往往的都是化石注模。（回忆一下，雷蒙德·达特从南非前往伦敦时，曾专门为汤恩幼儿投保了海上旅行险。）在人类起源研究的早期，古人类学家会提出用“他们的”化石注模与世界其他地区拥有不同标本的其他研究者做交易——注模因此成为一种社会货币。科学界的同行——包括合作者和诋毁者——都希望看到化石的复制品，以便亲自检查其解剖结构。学术界以外的人听说过这些著名化石，也希望在公共博物馆里看到它们。为了将它们流传出去进行研究和展示，必须制作精确的化石复制品。[23]

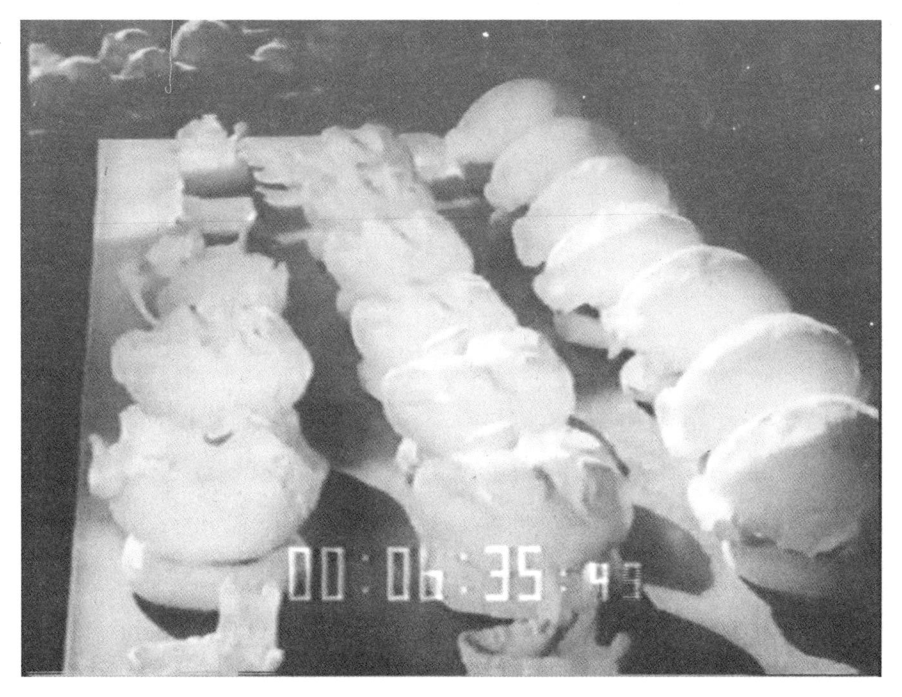

新生代研究室的北京人头骨注模在实验室工作台上接受固化和风干。来自派拉蒙新闻的影像，20世纪30年代早期。（影像由美国自然历史博物馆图书馆和米尔福德·沃尔波夫博士提供）

“所有的（中国猿人北京种）化石模型都经过精心制作和上色，致力于还原至精至微之细节。研究者可付全部信赖。”这是化石承办商及化石注模制作商R. F.达蒙公司产品目录上的宣传。[24]随着20世纪30年代初周口店野外发掘季收获的化石登上了该公司的产品目录，忽然之间，北京人成了全世界研究者的触手可及之物。从伦敦的阿瑟·基思爵士到南非的雷蒙德·达特，每一位科学家都可以研究周口店的杰出发现。

为此，1930年8月2日，德日进写信给马塞林·布勒，讲述了周口店令人振奋的发现，以及德日进自己在不同化石类群之间开展的比较研究。作为20世纪初古生物学界的大人物（曾研究过拉沙佩勒尼安德特人以及皮尔当化石），周口店的发掘工作开始后，德日进将工作重心转移到了中国。“回到北京后，我在步达生的实验室里惊喜地发现了第二块北京人头骨，从外形上看与第一块完全相同，而且（幸运的是）保存状况也和第一块一样。可以从第二块样本中识别出鼻骨的起点，和进一步的细节。”德日进写道，“步达生已经为所有孤立的碎片制作了（非常好的）注模。再过两个星期，根据一块用作预备工作的完美碎片，他应该能够给出颅容量估计值。”[25]

虽然注模使科学信息的交流变得更加容易，但是也意味着时间、资源和资金的巨大投入。“注模保存了化石的外部形态，因此呈现了化石骨骼形状的永久复制记录。它们经常代替原始化石供人研究，因为能让科学家研究和比较各种动物遗骸，即使它们的发现地相隔数千英里、可能分别身处不同大陆。”博物馆馆长珍妮特·蒙格（Janet Monge）和艾伦·曼（Alan Mann）博士解释道，“实际上，每个古生物博物馆和学术部门都会花很多时间在采购高质量石膏上，用于研究和教学。”[26]

到1932年，R. F.达蒙公司正在扩大其北京人注模的收藏时，罗伯特·费里斯·达蒙（Robert Ferris Damon）从他的父亲罗伯特·达蒙（Robert Damon）手中继承了公司。老达蒙在1850年建立了自己的化石业务，在艺术和技术两方面肩负起了为古生物学家和史前学家制造优良化石注模的工作。所有注模都是由厚重的石膏制成的，被博物馆收藏和展示。在注模公司的早期，也就是1850年至1900年之间，大部分模型都是海洋贝壳和鱼类。随着原始人类化石的涌现，公司扩大其古生物收藏，纳入了人类学的注模。随着人们对获得人类祖先注模和人类学标本的兴趣日益高涨，该公司将重点放在人类及其祖先的头骨、下颌和牙齿上。当人们于1891年在东南亚（爪哇人）、1912年在欧洲（皮尔当）、1924年在非洲（汤恩幼儿）等地发现原始人类化石，许多研究人员和博物馆都想获得化石的复制品，以便能够亲自研究标本。

20世纪30年代中期，随着越来越多北京人标本的出土，R. F.达蒙公司得到步达生和翁文灏的授权，扩大了可用的北京人标本清单。这些新的注模包括八块下颌骨碎片，是分别来自不同年龄的个体，从幼体到成体，还有来自E地点的头骨，并以步达生1931年发表在《中国古生物志》上的材料为基础，这种材料的价格通常是几英镑。

在没有任何原件的情况下，对研究者们来说，周口店早期发掘的物证和有形遗迹只剩下注模了。其他的注模只是原化石信息的承载者，而北京人注模则是用来代替原件的。“幸运的是，周口店出土的骸骨在中国得到研究时，几乎全部都有对应的优质石膏模型，并传播到世界各地的主要博物馆。”蒙格和曼指出，“这些注模保存了大量的细节，许多情况下，它们的测量结果与原始化石的测量结果没有明显差异。考虑到20世纪30年代的塑造和浇铸技术水平，以及（用今天的标准衡量）原始的成型介质，这在当时是一项了不起的成就。尽管任何注模都不能成为原始化石的理想替代品，但特殊情况下，这些注模成了化石的唯一记录，为缺失的原件提供了适当的代替。”[27]

1951年至1952年，中国积极寻求北京人化石原件的回归，有些人曾将注模与标本原件混淆起来。1951年10月6日，柏林洪堡大学古生物学家沃尔特·库内（Walter Kühne）博士给中国科学院古脊椎动物与古人类研究所所长杨钟健写信，在信中称，他的同事沃森（Walson）博士说自己在纽约的美国自然历史博物馆看到过周口店2号头骨，而且还看到过魏敦瑞亲自处理这个标本。这条化石相关信息立即引发《人民日报》社论（日期为1952年1月1日），敦促美国自然历史博物馆——其实就是美国——将化石归还中华人民共和国。然而，在1952年4月29日的一封信中，英中友好协会主席李约瑟（Joseph Terence Montgomery Needham）博士证明了沃森对化石身份的说法是错误的，并附上了肯尼斯·欧克利博士（因揭露皮尔当骗局而闻名）的一封信，证明沃森所看到的其实只是注模。被指出错误之后，沃森本人就收回了他的说法。[28]

NEW CASTS OF

SINANTHROPUS PEKINENSIS.

MESSRS. R. F. DAMON & Co. have been authorised by Prof. DAVIDSON BLACK, F.R.S., of Peiping Union Medical College and Dr. W. H. WONG, Director of the Geological Survey of China, to make the following additions to their list of casts of Sinanthropus pekinensis.

References: SKULL—Palaeontologia Sinica, Series D., Vol. VII., Fascicle 2, 1931.
JAW SPECIMENS—Pal. Sin., Ser. D., Vol. VII., Fasc. 3, 1933.

No.	Specimen	Description	£	s.	d.
544	Locus B jaw.	Juvenile. Right ramus and symphysis in stage of preparation showing errupted and unerrupted permanent dentition ...	1	12	6
545	Locus B jaw.	Symphysial region	1	1	0
546	Locus B jaw.	Entirely freed from matrix and restored	1	15	0
547	Locus A jaw.	Adult right ramus with 1st, 2nd and 3rd molars and sockets of premolars and canine	1	10	0
548	Locus F jaw.	Juvenile. Posterior portion of right ramus with 1st permanent molar errupted and 2nd permanent unerrupted molar exposed	1	10	0
549	Locus C jaw.	Fragment of adolescent, unerrupted 3rd molar exposed ...	1	1	0
550	Locus G.1 jaw.	Left ramus with complete permanent dentition ...	1	15	0
551	Locus G.2 jaw.	Ascending right ramus with 2nd and 3rd permanent molars in situ	1	12	6
552	Terminal phalanx	(Bull. Geol. Soc. China., Vol. XI., No. 4)		10	0
553	Locus E skull.	Complete as shown in Pal. Sin., Ser. D, Vol. VII., Fasc. 2, 1931, Pls. XI., XII., XIII., XIV.	4	15	0
554	Locus E skull.	Endocranial cast	2	2	0

For Sinanthropus casts already offered, see separate list
(Nos. 510, 511, 529, 530, 531, 532, 533).

All casts are made and coloured with extreme care and attention to the finest detail.
They can be studied with complete confidence.

R. F. DAMON & Co.,

45, HAZLEWELL ROAD, LONDON, S.W.15.

PLEASE NOTE.—*Orders will be executed in rotation as received.*

著名R. F. 达蒙公司的北京人注模广告手册。（雷蒙德·达特收藏。威特沃特斯兰德大学档案馆提供）

那么，留给我们的化石复制品意味着什么呢？算不算事关重大？“即使没有原件，北京人化石失踪前制作的复制品也为直立人的形态学研究提供了大量资料。”科学史学家严晓珮博士称，“因此，即便某一块失踪的北京人原始化石被找了回来，我们目前对人类演化的理解是否就会发生重大改变，这是存疑的。”[29]

从某种层面上说，这种观点当然是正确的。如果化石仅仅是它们的尺寸和实物形态，那么严晓珮说的当然是正确的，即复制件和原件一样好。然而，化石原件显然带有超越其外形的威望和文化价值。从这个意义上说，就相当于将“希望之星”蓝钻石或《蒙娜丽莎》和它们的复制品相提并论。

新生代研究室工作台上的北京人头骨上色注模。影像来自派拉蒙新闻，20世纪30年代早期。（影像由美国自然历史博物馆图书馆和米尔福德·沃尔波夫博士提供）

◎◎◎

“1539年，马耳他圣殿骑士团向西班牙查理五世进贡了一只金隼，从喙到爪子都镶满了最稀有的珠宝——但是载有这个无价之宝的船舰被海盗劫走了，马耳他猎鹰的命运至今仍是一个谜。”1941年的电影《马耳他猎鹰》开场后出现的介绍文字这样写道。故事描述了对无价之宝的追寻，以及促使人们展开追寻的种种动机。片中人物卡斯帕·古特曼（Kasper Gutman）

和萨姆·斯佩德（Sam Spade）寻找的“黑鸟”就是镶满宝石的猎鹰。据说到20世纪40年代，这只猎鹰被涂上了一层深黑色的铜锈，以掩盖其真实价值。影片戏剧性地揭示出，那只鹰其实是假的。观众们得知，鹰的故事更多的是传说，而非事实。最后，真正找到那只鹰并没有培养对它的信念那么重要。萨姆·斯佩德干脆利落地指出，这只鹰是“构成梦想的材料”。

如今，中国收藏的北京人碎片只有五颗牙齿和20世纪五六十年代重新发掘中发现的部分头骨。乌普萨拉演化博物馆里有三颗20世纪20年代初始发掘中出土的牙齿，它们是“收藏的亮点”。当那颗牙齿在卡尔·维曼教授的箱子里被发现，又从档案中再次被发掘，它就成了北京人故事的重要组成部分。和那颗牙齿一样，北京人的故事也有着突兀的开始和结束，有着不期而遇和不告而别。它是一则细节丰富、跌宕起伏的故事——有点像《马耳他猎鹰》，只不过围绕着的是化石。

“众所周知，这个发掘时期出土的几乎所有材料（除了最初的乌普萨拉牙齿）都在1941年丢失，一直没有找到。”瑞典研究博士佩尔·阿尔拜尔在一次采访中说，“战后，中国科学家继续对周口店进行发掘，并在深层发现了一些新的化石。但这颗新的牙齿很可能是‘经典’北京人发掘中能找到的最后的化石。”阿尔拜尔还说：“可以通过很多细节推测出这颗牙齿主人的生活情况。牙齿比较小，说明来自女性。牙齿磨损相当严重，所以去世时肯定有些年纪了。另外，部分牙釉质已经断裂，说明这个人可能曾咬过非常坚硬的东西，比如骨头或坚果。现在也许该称之为‘北京女人’，而不是‘北京人’。”中国科学院的刘武教授也发表了自己的看法。他认为这颗犬齿虽然断裂，但其他方面保存完好。“这是非常重要的发现。它是现存的唯一一颗犬齿，可以提供关于直立人如何在中国生活的重要信息。”[30]

北京人的传奇和名声有赖于其化石的失踪。①就像古生物学界为失踪女飞行员阿梅莉亚·埃尔哈特（Amelia Earhart）的故事找了一个历史对应版本。北京人化石之所以能吸引其受众，是因为它的故事结局是一个谜。

① 此表述为作者观点，仅供参考，不代表国内外其他学者立场。——编者注

作为历史，无解的故事会让人不安，深感不满。即使是皮尔当——及其背后的诡计——也有着更明晰的叙事。皮尔当是一场骗局，幕后主使可能仍未受到历史的审判，但化石的故事已经与肯尼斯·欧克利的化学分析紧密关联，皮尔当化石也被小心翼翼地存放在伦敦自然历史博物馆的化石库中。然而，北京人却不见了——它是科学史上的一桩黑色考古悬案。

带有博物馆原始标签的北京人牙齿（拉格雷利斯卡收藏）。（Science Source网站）

也许“黑鸟”为我们理解北京人化石的生命史提供了一个有用的视角。北京人故事的每个方面都包含着多个层次。第一层当然是它的科学性，但是发现部分北京人收藏——即使只是档案中的一小部分——也在另一个层面为北京人的故事提供了令人信服的叙事面貌。化石失而复得了。

今天，我们通过最近发现的犬齿和其他几颗在最初的发掘过程中从周口店被送回乌普萨拉的臼齿来了解北京人，但是通过石膏模型、照片和故事，我们得以更加深入地了解北京人。化石之所以出名，是因为它们已经丢失。北京人的确是个奇特的明星，一块因古老黑暗的神秘感而闻名于世的化石。

到目前为止，化石依然不知所终。

第五章

露西：科学贵妇人

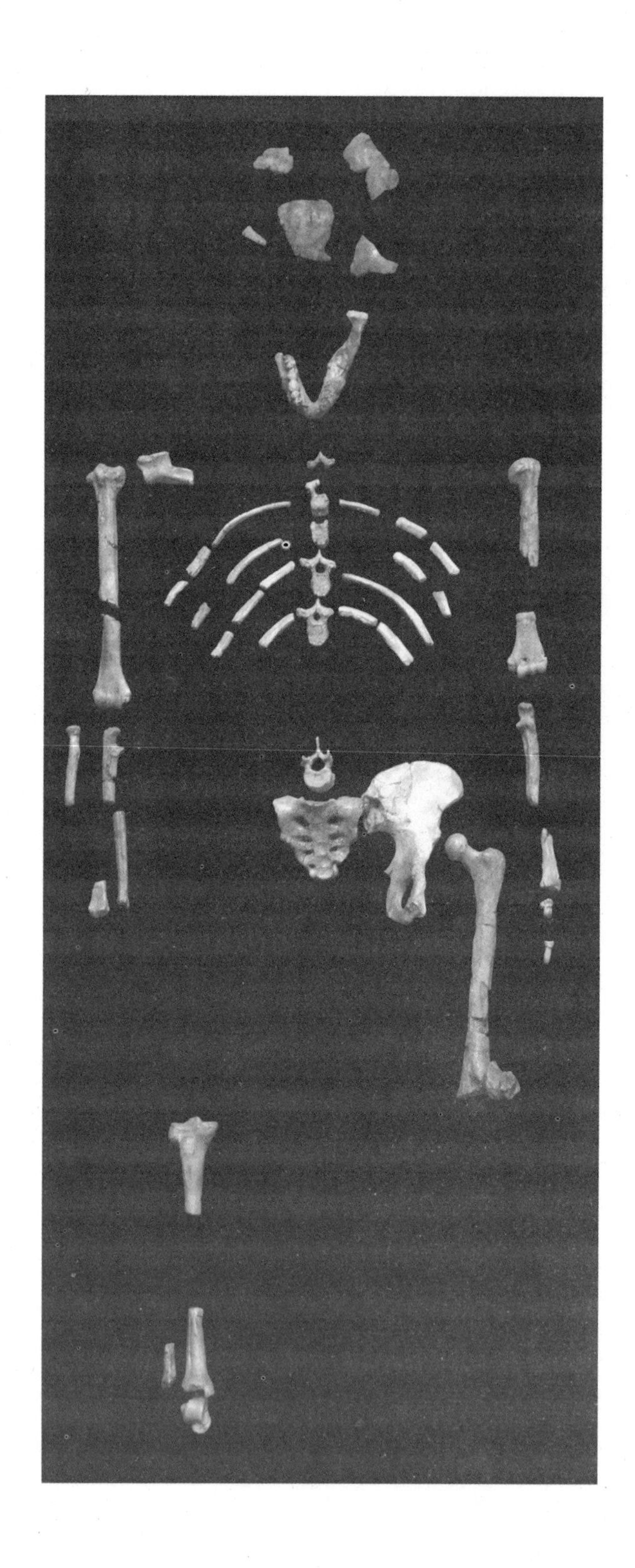

露西画像，
AL288-1。（图片
许可：CC-BY-2.5）

“上午和格雷一起去162号地点。感觉很好。”1974年11月30日清晨，古人类学家唐纳德·约翰逊（Donald Johanson）博士在野外日志中写道。[1]后来的事情证明，他在笔记中记录的良好感觉的确是幸运的预兆——那天早上，他和研究生汤姆·格雷（Tom Gray）在哈达的山坡上发现了一枚令人惊喜的化石。哈达是埃塞俄比亚北部的化石发掘地点，当时约翰逊的团队正在那里开展发掘工作。约翰逊和格雷的惊人发现是一具原始人类骨骼化石，是古人类学收藏中最完整的早期人类骨架。团队立即将其命名为露西。随后的几年里，研究人员将露西归入当时还算新发现的已灭绝原始人类物种：*Australopithecus afarensis*，也就是南方古猿阿法种，是生活在325万年前的物种。自出土以来，她已成为20世纪最具代表性的化石发现之一。

有些化石之所以获得特殊的意义或者明星地位，是因为它们占据某个层面之“最”，或最古老，或最初始，甚至是来自出现最多独特化石收藏的地方。有些化石成为早已灭绝物种的原型，如拉沙佩勒老人；有些化石成为类型标本，因其化石生物类别原型的身份而具有重要意义，如汤恩幼儿；有些化石成为文化的象征，使科学思想和实践的特定传统具体化，并直接影响未来研究的轨迹。但是，1974年11月的那个早晨，露西的发现为古人类学引入了一种新型的明星化石。它成了一个偶像——受人尊敬的科学实物、人类演化之谜的关键部分和文化点金石。40年的时间里，露西已经从单纯的已灭绝原始人类物种，即南方古猿阿法种，变成了可以衡量所有其他化石的标本。

◎◎◎

化石发现要想出名，需要一个引人入胜的起源故事，而露西叙事的构建可谓技艺精湛。和雷蒙德·达特在被拖去参加婚礼之前在一箱化石中发现了汤恩幼儿一样，在以野外发掘为主的古人类学中，化石的来历成了生动的口述历史，被反复讲述。露西也不例外。

20世纪70年代中期，古人类学以人类起源为导向的研究在东非如火如荼地开展，多个研究项目沿着该地区的大裂谷探索着新化石发掘地出现的可能性。地质学上，大裂谷是一个火山裂谷系统，随着非洲和印度板块的继续分离，从埃塞俄比亚北部——或者说阿法洼地——一直延伸到马拉维和莫桑比克南部。阿法三角区在地质学上更为有趣，它是三叉口构造，非洲和印度板块也在这里与阿拉伯板块分离。对古人类学来说，阿法三角区是世界上独一无二的地区，因为这里有很多因构造分离而暴露出来的化石发掘地。像利基家族这样的研究人员曾在东非的坦桑尼亚奥杜威等地工作了几十年，化石发掘地都是沿着断裂构造边界的地质隆起排列的。（坦桑尼亚北部的奥杜威峡谷遗址沿着裂谷延伸了约30公里。自20世纪30年代开始系统挖掘以来，那里的化石产出已经形成了一个人类化石遗迹宝库。）阿法地区是东非裂谷系统中未经开发的全新部分，其地质复杂性引起了地质学家和古人类学家们的兴趣。因此，人们热切盼望在阿法地区的勘探和调查将发掘出能在人类起源科学中发挥作用的新化石。

1974年，地质学和古科学研究联盟国际阿法研究探险队（International Afar Research Expedition，IARE）开始了在哈达——阿法洼地令人兴奋的未开发地之一——的第三个正式野外发掘季。1971年，包括美国古人类学家唐纳德·约翰逊、法国地质学家和古人类学家莫里斯·泰伊伯（Maurice Taieb）以及法国人类学家伊夫·柯本斯（Yves Coppens）在内的IARE创始成员，将继续共同推进得克萨斯州地质学家和古生物学家乔恩·卡尔布（Jon Kalb）建立的逻辑基础工作。（在IARE的最初几年，卡尔布和家人全年居住在埃塞俄比亚，在野外发掘季的间隔期努力维持IARE的运作。）考古学家玛丽·利基（Mary Leakey）也是创始成员之一，为项目贡献出声誉和专业知识，但后来离开了团队。到1973年秋天，团队又吸纳了一批研究员和研究生。1974年11月，IARE真正开始了科学上的阔步前进。哈达的化石发掘地发现了大量不同的哺乳动物化石，团队的地质测绘工作进展顺利，科学论文的发表也有条不紊。上个发掘季甚至找到了原始人类的材料——

双足行走物种的膝关节。由于化石大约有三百万年的历史，膝关节表明双足行走是人类演化中非常古老的特征。

1974年的野外发掘季，更多原始人类材料连同其他哺乳动物化石，随着野外勘探工作的开展涌入IRAE的收藏中。《埃塞俄比亚先驱报》公布了团队在野外发掘中的初步发现。1974年10月21日，野外发掘季过半时，该报纸宣布“阿法中部发现古代智人”，并在头版刊登了一张埃塞俄比亚籍团队成员阿托·阿勒玛耶胡·阿斯法（Ato Alemayehu Asfaw）、约翰逊和一位文化部代表的照片。三人一同检视着一批化石，其中包括一枚完整的上腭、另一枚上腭的一半和一枚下颌的一半。据新闻报道，所有化石都有四百万年的历史。[2]

但这个野外发掘季真正的大发现是在新闻发布会之后一个月——约翰逊在笔记中提到的1974年11月的早晨。在他1981年与人合著的畅销书《露西：人类的开端》中，约翰逊把发现露西的过程讲述成一则令人惊叹、扣人心弦的故事：

> 作为古人类学家……我很迷信。我们中的许多人都是如此，因为我们的工作很大程度上靠的是运气。我们研究的化石极为罕见，不少杰出的古人类学家一辈子都没有找到过一块。我算是比较幸运的。这才是我在哈达的第三年，却已经找到了好几块。我知道我很幸运，并不试图掩饰这一点。这就是我在日记中写下“感觉良好”的原因。那天早上起来的时候，我觉得是该碰碰运气了，说不定会有了不起的事情发生……
>
> 上午过去了一多半，什么事情都没有发生……我说的那条沟就位于这片高地的最高处。其他工作人员至少已经对它彻底翻查了两次，并且一无所获。然而，醒来时的那种“幸运”感一直围绕着我，就决定最后再去转个小圈。山沟里几乎没有骸骨。但就在转身离开时，我注意到斜坡上好像有东西。

这段以第一人称对露西发现过程的叙述，在古人类学回忆录中牢固地确立了化石发现的体裁。

“这有点儿像原始人类的手臂。”我说，“紧挨着你手的那一块，也属于某种原始人类。”

“我的天哪，”格雷说，“你最好相信！”他喊了起来，“它在这儿。就在这儿！”呼喊变成了号叫。我也跟着号了起来。虽然是四十多摄氏度的高温，我们却上蹿下跳。没有人来分享，我们只好一身臭汗地拥抱彼此，砾石在热浪里闪闪发光，我们在其中又是号叫又是拥抱，现在看来，几乎可以肯定一个人类骨架局部的小小褐色遗骸就在我们周围。

营地陷入一片兴奋之中。第一天晚上，我们根本没有睡觉，不停聊啊聊，啤酒喝了一瓶又一瓶。营地有台磁带录音机，正对着夜空播放披头士乐队的歌曲《璀璨天空中的露西》，而且纯粹，因为大家太开心了，就用最大音量放了一遍又一遍。在那个难忘夜晚的某个时刻……这块新化石便被取名“露西”，之后就一直叫这个名字了。[3]

该发现是一具非常古老的女性原始人类的部分骨架。这个娇小的标本，身高大概三英尺（约0.9米），生前体重约60磅（约27千克）。在2009年接受《时代》杂志采访时，约翰逊认可了这块化石不容抹杀的名声和个性。“我认为她能吸引公众的注意力，有这样几个原因。”他说，“第一，她相当完整。如果去掉手骨和脚骨，她还能有40%的完整度，所以人们实际上获得的是个体的形象，一个人的形象。这不同于只带着几颗牙齿的下巴。人们可以想象出一个三英尺高的女性走来走去。另外，必须说的是，她的名字听上去很随和，没有攻击性。人们容易把她当成有真实人格的人。”[4]

如果把美国国会图书馆作为衡量知识的单位，那今天就应该把露西作为衡量化石的科学意义和文化重要性的单位。但是，她是如何以及为什么获得现在这一偶像地位的呢？

◎◎◎

露西出土之后，约翰逊和埃塞俄比亚文化部于1974年12月20日组织了另一场新闻发布会，第二天《埃塞俄比亚先驱报》就在头版头条刊登了《阿法中部：发现了最完整人类遗骸》。[5]会议结束后，随着IARE第三个野外发掘季的结束，露西被送往克利夫兰，在那里接受清洗、预处理、注模和研究长达五年之久。后来，她于1980年1月3日回到了埃塞俄比亚国家博物馆。

但是，围绕露西所发生的种种，其复杂程度不是三言两语就能说清楚的。她的起源故事像一扇窗，透过它，人们了解了科学与政治间的复杂关系。地质学家乔恩·卡尔布在《骨头贸易中的冒险》一书中介绍了1974年——或者说埃塞俄比亚历的1967年3月（哈索尔月）——该国动荡的政治气候，对露西出土的政治背景进行了清晰的阐述。科学团队在阿法地区工作时，政治动荡已经在首都扎根，并随着革命的发展四下蔓延。卡尔布指出，11月24日清晨，门格斯图·海尔·马里亚姆（Mengistu Haile Mariam）将军处决了海尔·塞拉西（Haile Selassie）皇帝麾下的政治犯，而这就发生在露西出土的几天前。（2009年出版的《露西的遗产：人类起源的探索》一书中，约翰逊称露西的发现日期是1974年11月24日，而不是他1981年出版的畅销书《露西：人类的开始》中记载的1974年11月30日。人们一般在11月24日纪念露西的发现，与《物种起源》第一次出版的日期一样。）历史学家保罗·亨策（Paul Henze）这样描述那个世界末日般的夜晚："1974年11月23日，门格斯图派遣军队……那天晚上，59名前帝国官员被草草处决。这些人全都在上一年夏天投降或被捕，并被关押起来接受调查。因此，一夜之间，埃塞俄比亚革命血雨腥风了起来。接下来的17年里，流血一直没停过。”[6]革命和演化这两种事件的并置，让人们清醒地意识到，科学是社会活动，总要处于一定的政治环境中。但是，露西因此处在了埃塞俄比亚民族主义叙事的正中央。

“就在那天上午晚些时候，约翰逊在哈达找到了‘露西’……所以说，就在亚的斯亚贝巴被人类终结——至少在被屠杀者的家人看来——的消息惊醒的那一天，IARE庆祝发现了人类的开始。”卡尔布回忆道，“讽刺的是，许多埃塞俄比亚精英被处决的原因之一是他们掩盖了瓦洛的饥荒，成千上万的阿法游牧民死于政府的忽视，而露西就是在那里被发现的。1974年11月那一天发生的两个意义深远的事件可能标志着，在埃塞俄比亚历史上，阿法人和他们独特的土地第一次得到了如此大的关注。”[7]

卡尔布毫不讳言这块化石的重要性。“露西是个伟大的发现。”他表示，“12月20日，它在亚的斯亚贝巴的另一场新闻发布会上得到宣布，作为一具完整度40%的成年女性骨架，双足行走，体态矮小，身高约一米……这具骨骼的63块骨头是在理查德·利基（Richard Leakey）、其妻子梅芙以及玛丽·利基访问哈达的第二天被发现的。当晚营地里举办了很隆重的庆祝活动。”卡尔布还指出，该地点在1974年的野外发掘季有着突出地位。“露西被发现的地点L288，被我和丹尼斯·皮克（Dennis Peak）标绘的另外七个化石地点围在中间。1973年，大概营地里的每个人都曾在某个时刻经过L288，包括约翰逊。”[8]披头士乐队、录音机和“露西”这一名称，这些在约翰逊回忆录中如此突出的故事要素，甚至根本没出现——仿佛在政治动荡的背景下讨论这些显得过于浅薄了。

◎◎◎

发掘出土的下一步就是将化石描述和归类。露西引出了一个问题：如果可以，她应该归入当时获得认可的哪个化石物种？而且人们很快就发现，她并不符合任何已知的物种类别。她的发现意味着要重新绘制演化树，以

The Ethiopian Herald

Vol. XXX — No. 1215
Annual Subscription $ 46.50
Price Per Copy 10 cents.
The Press Stimulates change
MORNING NEWSPAPER
Addis Ababa — Saturday, December 21, 1974 — (Tahsas 12, 1967)
118247, 118248, 110829.
Editorial office: 112212, 111629.
P.O. Box 1074.
Advertising: 114770 117343
Sales Dept. 119050
Subscription: 111227, 115500

In Afar

Most Complete Remains Of Man Discovered

The International Afar Research Expedition announced yesterday that it recently discovered a partial skeleton of a three-million-year old hominid in the Awash Valley. This specimen is said to be representing the most complete early man discovery ever made in Africa.

The latest finding was located last November 24 by Dr. Donald C. Johanson and his student Thomas Gray at a site called Hadar. The individual was extremely small in size (about three to three and a half feet) and diagnostic features of the pelvis and sacrum have suggested to Dr. Johanson that the specimen is a female. (He already christened 'her' Lucy).

The following skeletal parts of the specimen were identified by Dr. Johanson: some hand, wrist, ankle bones and an almost complete right arm; most of the leg except for some missing fragments, a mandible with some teeth; a few skull parts, especially the back portion, ribs, parts of the backbone, and most importantly, a half pelvis with a sacrum.

For the moment, a scientific identification of this specimen's affinities has not yet been attempted.

Both Dr. Maurice Taieb, head of the French team, and Dr. Johanson, heading the American group, told the press conference held at the Ministry of Culture yesterday afternoon that the specimen comes from a layer of sandstone which has also produced fossils of wood, rodents, crocodiles, pigs, elephants, gazelles, some monkey teeth, and fossils of crab claws. They said the geological

(Contd. on page 5 col. 3)

Most Complete . . .

(Contd. from page 1 col. 6)

setting and the animals living with the specimen suggest that the environment was related to a beach of a vast lake that exised in the Afar region some three million years ago.

This is the third year of research for the expedition after the discovery of the site in 1968 by Dr. Taieb. Funding for the expedition has come predominantly from the National Science Foundation (United States) and the Centre National de la Recherche Scientifique (France).

The scientific direction of the expedition has been led jointly by Dr. Taieb, Charge de Recherche of the Custernary Geological Laborntory, CNRS, France and by Dr. Johanson, Assistant Professor of Anthropology, Case Western Reserve University and Curator of Physical Anthropology, Cleveland Museum of Natural History, Cleveland, Ohio, USA. The 1974 expedition included 17 American, Ethiopian, French, and German scientists and students. This group represents a wide range of disciplines including geology, anthropology, palentology, paleobotany, topography, etc . . .

The first fossil-man discoveries were made in 1973 when Dr. Johanson located four leg bone fragments and a skull fragment in the Hadar region. This discovery provided the oldest evidence for man's upright posture. With this encouragement the search for additional early man remains began during the 1974 field season which is just now completed.

Alemayehu Asfaw, from the Ethiopian Ministry of Culture, made the first discoveries this field season. He located a number of jaw fragments containing teeth which were announced on October 25th as assignable to the genus *Homo*. These finds are the earliest evidence in Africa for clearly recognizable human ancestors.

In total the hominids discovered by the expedition consist of parts of 10 individuals found in 11 separate localities. Dr. Taieb's geological studies suggest that these hominids are from five stratigraphic levels representing an as yet undetermined time range. The entire Hadar sequence of sediments consists of more than 120 meters. The lowest two hominid levels are 12 meters above the base, the third is 50 meters high, the fourth 70 meters, and the fifth, containing the associated partial skeleton some 80 meters above the base.

Because of the amazing density of fossil man discoveries in only one season, and the rich associated fossils of the vertebrates living with the hominids, and the superb geological setting, the Hadar area of Ethiopia may be the most important site in eastern Africa, and therefore the world, for understanding the earliest stages of man's evolutionary past during the Plio/Pleistocene time range some 2 to 4 million years ago.

Leaders of the expedition also took the opportunity to express their appreciation to the Ethiopian Government for the opportunity to conduct research in the central Afar.

露西的第一次新闻发布会，《埃塞俄比亚先驱报》，1974年12月21日——“露西”首次出现在印刷品中。

便为这个新发现的物种找到合适的位置。1976年3月25日，唐纳德·约翰逊和莫里斯·泰伊伯在《自然》杂志上发表了《埃塞俄比亚哈达的上新更新世古人类发现》。（上新更新世可以追溯到大约500万年到1.2万年前。）这篇文章总结了IARE前三个野外发掘季的成果，描述了从哈达周围的地质沉积物中发现的12个人类个体的遗骸，这些遗骸当时被认定为约有300万年的历史。论文摘要大肆鼓吹“收集到的资料表明，早在300万年前，人和南方古猿就已经共存了”的观点，而轻描淡写了问题的关键：“一具部分完整的骨架代表了那个时期已知最完整的原始人类。”[9]这具部分完整的骨架是AL 288–1，即露西，这是她第一次进入科学评论的世界，比当初刚被发现后在亚的斯亚贝巴举行的新闻发布会上要低调和谨慎。这篇文章相当平淡：

> 11月24日发现的一具从沙子中侵蚀而出的部分骨架（AL 288–1）是1974年野外发掘季中收集到的最出色人类标本。显然，这一发现为我们提供了独特的机会，能以前所未有的精细重建早期人类的解剖结构。我们计划对AL 288的部分骨骼进行广泛的描述和比较研究，以此来获知身材、肢体、比例、关节和生物力学方面的细节。我们花了三个星期进行集中收集和筛选，确保从该地回收所有骨片。实验室的准备和分析工作才刚刚开始，这份报告只能提几个突出要点。[10]

《自然》杂志中，作者使用临床解剖学专业术语进行描述，带着科学语言特有的超然口吻，一如人们对学术出版物的期待。作为一篇面向科学同行的论文，它充满了测量和现场方法学。化石只是被发现了——剥离开社会评论和细节，这是在正式科学杂志上发表的规则。在《自然》杂志的语境下，该发现只是AL 288–1。这具骨架有着惊人的潜力，但只有短短四段话的专门解剖学描述，一旦经过充分准备，它的分析可能性就十分诱人。

“露西的得名……不仅仅是科学上的命名。”科学作家罗杰·勒温在《争执之骨》中认为，“它是领域内知识动荡情况下，专业和个人相结合的产物。它的故事以不同程度的清晰展现了潜在先入之见的膨胀。”[11]一块化石的名字承载了很大的叙事价值。对于哈达IARE团队来说，这块化石就是AL 288–1。在庆祝化石发现40周年的采访中，约翰逊重申了“露西”作为该化石昵称的由来：“那张专辑叫《佩珀军士的孤独之心俱乐部乐队》，当时正在播放《璀璨天空中的露西》这首歌，团队中的一位成员建议将化石命名为露西，这个名字就这么定下来了。”[12]

“露西”这个名字来自披头士乐队的歌曲，但目录号AL 288-1来自1974年发掘季的野外编目过程。“AL”指阿法地区（Afar Locality），“288-1”指具体的地质地点和标本目录号。但是，对一块化石而言，仅仅有标本编号或者昵称是不够的。它需要一个学名，才能在古生物学界拥有分类学和演化的地位。将化石归入某个科学物种是赋予化石有效演化框架的重要步骤。绰号和标本号赋予了化石文化和方法上的背景，但真正将化石置于演化框架内的是分类学名称。将化石归于一个物种——特别是新物种——是在将化石写进演化故事。如果化石是智人的直系祖先，那么该物种就承担了一个比演化分支更核心的主演角色。换句话说，如果新原始人类物种仅仅靠几块骨头，那么这几块骨头就要有很大的科学分量，才能撑起物种的合理性。

但是，即使学名本身也会成为历史标记，指向特定的科学问题或者著名的发现者。例如，达特称汤恩幼儿为*Australopithecus africanus*，指的是“非洲南部猿人”，这与20世纪初演化古生物学公认的观点相悖。*Eoanthropus dawsoni*，或者说“道森黎明猿”，不可避免地将化石与其发现者查尔斯·道森联系起来。同样，“尼安德特人”表示该物种最初的发现地是德国尼安德山谷。

1978年，露西出土四年后，唐纳德·约翰逊、蒂姆·怀特（Tim White）和伊夫·柯本斯发表了《来自上新世非洲东部的南方古猿属新物种（灵长目：人科）》一文。这次发表特别提出了新物种的名称：*Australopithecus afarensis*，南方古猿阿法种，使露西得到形态学解释和演化叙事。尽管约翰逊和地质学家莫里斯·泰伊伯在1976年已经发表了这种原始人类材料的大体描述，但AL 288-1一直到1978年发表在*Kirtlandia*期刊上时才得到学名。随着那次发表，露西才有了物种归属。

露西被发现后，成了众多奇特程度相似的化石中的一员。这些化石出土于坦桑尼亚的莱托利遗址，玛丽·利基已经在那里工作了几十年。尽管历史已经使露西轻而易举地成了最著名的南方古猿化石，但她实际上并不是该物种的类型标本。（南方古猿阿法种的类型标本其实是LH–4，一个在坦桑尼亚莱托利发现的成年下颌骨化石。）将埃塞俄比亚和坦桑尼亚两地的化石联系起来，在古人类学界引起了一定的轰动。首先，它带来一个十分耐人寻味的观点，即这个新物种在上新更新世分布于整个东非；其次，它在玛丽·利基的发现和约翰逊的发现之间创造了一种隐含的社会学联系。不管类型标本是什么，也不管阿法种的地理分布在哪里，最终不是LH–4而是露西，成了讨论和理解上新更新世人类历史的文化点金石。[13]

露西出现前，人们已发现的南方古猿化石难以满足对这一物种精确重建的要求。仅凭一个下颌骨或一些小的骨片来想象整个生物体是非常困难的，而像露西这样40%完整的骨架提供了足够的骨骼形状，让人们能相对容易地给化石重建一个身体。露西的化石包含部分手臂、腿、肋骨和头盖骨，甚至还有骨盆的左侧部分、下颌骨的碎片、牙齿和几块脊椎骨，所以人们很容易就能辨别出化石属于身体的哪些部分。不仅不同骨骼元素为这一发现提供了非常直观的框架，而且许多未被发现过的上新更新世骨骼的存在意味着，突然之间，研究人员可以对原始人类在其环境中所占据的生态位提出疑问。因为有手臂和腿的化石，所以或许能解答原始人类运动的问题——早期人类是怎么活动的；骨盆部分意味着科学家们可以提出关于早期人类祖先性别二态性的问题；有了牙齿和下颌骨，古人类学家和古生态学家提出了关于南方古猿阿法种的饮食问题，以及该物种如何成功消耗环境中的资源。

当露西被科学界认定为南方古猿阿法种时，她是14年来被指定的第一个人类新物种。从分类学、演化学和历史学的角度看，这个名字都具有很大的影响力。南方古猿不仅将露西与非洲联系在一起——类似于汤恩幼儿通过名字与非洲联系在一起——而且还建立了她与其他化石物种之间的演化关系。这个新的南方古猿一定是人属的祖先，并且与汤恩所属的物种有关——这就是化石物种之间的演化关系，甚至种名阿法种也有一定的文化渊源——将该标本与她首次被发现的阿法地区联系起来。

不过露西还有另一个埃塞俄比亚名字“丁金奈什”（Dinkinesh）。《露西的遗产》中，约翰逊提到了他在1974年与来自埃塞俄比亚文化部的同事贝克勒·内古希（Bekele Negussie）的交流。内古希认为这块化石需要一个埃塞俄比亚名字，并提议“丁金奈什”。这个来自阿姆哈拉语而非阿法语的词可以大致翻译为“你很了不起”。“丁金奈什”为化石创造了埃塞俄比亚身份，比学名“阿法种”的地域性更广。在最初介绍1974年野外发掘季的新闻发布会上，化石是以“露西”之名与《埃塞俄比亚先驱报》的读者见面，而不是“丁金奈什”，这一阿姆哈拉语昵称直到最近几年才进入口头和书面历史。《露西的遗产》中，约翰逊还介绍了化石的另一个阿法语绰号——希罗马利，意为“她很特别”。但在露西的大部分生活中，她只是露西。

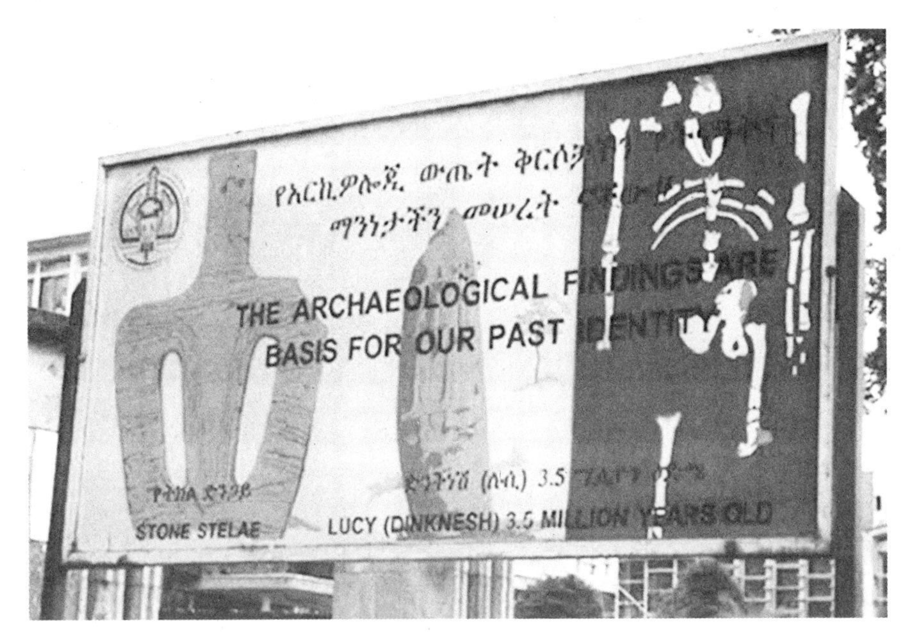

埃塞俄比亚亚的斯亚贝巴市中心的广告牌，展现出露西（丁金奈什）在定义国家历史方面发挥的标志性作用。（莉迪亚·派恩）

虽然南方古猿阿法种在科学界引起了轰动，但是让公众对她念念不忘的是AL 288-1的绰号和披头士乐队的故事。（名字、故事是关键。当然，媒体会议和电视亮相也没有影响她明星身份的发展。）给化石取绰号并不仅发生在露西身上，老人和汤恩幼儿都是这种现象的证明，而且到了露西这里，绰号的影响力依旧不减当年。在埃塞俄比亚，露西已经把她的名字和文化魅力分享给了“许多咖啡店、一支摇滚乐队、一所打字学校、一家果汁吧和一本政治杂志，甚至在亚的斯亚贝巴还有一年一度的露西杯足球赛”。约翰逊在《露西的遗产》中写道。该书于2009年出版，恰逢露西的美国之旅。如同吉祥物一般，露西已经成为埃塞俄比亚的象征——为埃塞俄比亚悠久的历史和史前史正名。

对化石来说，名字就是一切：背景、阴谋、历史、文化速记、科学。露西和她名字的故事就如同一张文化重写本的故事——她被所处的各种环境命名和重命名、塑造和再塑造。她的名字——什么情况下，她被谁称作什么——表明了围绕着她偶像地位的传统和复杂性。

她名字中蕴含的威望和遗产是她成为衡量其他化石的标尺的方式和原因。露西之后的化石在科学和流行文化中的“地位”都是通过与她进行比较来确定的：这块化石比露西古老、那块化石比露西年轻、某个化石物种会爬树——比露西更擅长或不如露西。作为一块化石，露西是演化史上的暂停时刻，是生物学、心理学和化石文化意义这三重意义的平衡点。

◎◎◎

如果说一张照片胜过千言万语，那么在化石的“官方”肖像之外，很难找到更好的具备意义的图像。艺术史学家理查德·布里兰特（Richard Brilliant）认为，肖像画刻画的是一个真实的人，这就使其比其他类型的图片更具可靠性。“肖像映射着一个实际存在于作品之外的人类个体这一事实本身，定义了艺术品在世界中的功能，并构成了它产生的原因。”布里兰特写道。[14]因此，化石有几种类型的肖像，这些图片为观众提供了另一个层次的真实性——有些呈现是三维的，类似于实景模型，而有些则是化石的肖像或者静物描绘。

1976年《自然》杂志上的那篇文章，不仅介绍了露西的各项解剖学测量结果，还介绍了露西的标志性画像。文章附有一张化石图片，图片中的化石呈现解剖学特征，被小心翼翼地平放在黑色背景中。图片说明仅仅是简单的“来自哈达的部分骨架（AL 288–1）”。1978年*Kirtlandia*杂志上描述南方古猿阿法种的文章中再次呈现了这幅肖像。《自然》杂志的读者面对的只是一张类似罗夏克墨迹图的东西——一张图片，让读者自己解读这具骨架可能是什么。但是那张图片不仅仅是期刊文章中的一幅插图，它还是一件真正的艺术品。图片迅速成为该化石最标志性的形象之一。几乎可以说这幅肖像是三联圣像画中的一块嵌板，露西的白骨在黑色背景下沐浴着光明，接受着敬仰。

后来的几十年里，其他化石发现在发表时都会采纳AL 288–1的方式，将白色化石骨骼在黑色背景下仔细摆放成类似的解剖状态。例如2009年，《科学》杂志发表了《新的祖先：地猿揭秘》，首次描述了1994年的化石发现*Ardipithecus ramidus*（地猿始祖种）。《科学》杂志封面上引人注目的地猿图片令人不禁想起AL 288–1的标志性图像：地猿以解剖学阵列的方式平铺在黑色背景上供人拍摄。几乎每一个新发现的原始人类化石物种，从*Homo floresiensis*（佛罗勒斯人）到*Australopithecus sediba*（南方古猿源泉种），再到*Homo naledi*（纳莱迪人），在科学家们以这种方式拍摄标本时，都自觉或不自觉地借鉴了露西的标志性图像，诉诸露西既已确立的科学和文化合理性。

在三维图像的世界里，化石专家、著名当代古美术家约翰·古尔切描述了创造复原品的过程，特别是对露西这种具有如此巨大社会和文化重要性的标本。赋予露西物理的、有形的身体，意味着艺术家为化石灌注了一种形式，提供了一种生命力——是一个在静态事物基础上创造出能移动、行动和思考的动态实体的过程。观众看到古尔切的重建作品时，可能没有意识到，他们看到的其实是在几十年严谨细致的科学研究基础上，数以百计乃至千计的艺术决策。三百多万年前，露西的外形取决于她的演化历程；到了21世纪，她的外形是艺术演绎和科学演绎的平衡。通过雕塑、肖像、重建让人们看到化石的具象化面孔，为化石创造了一种叙事。照片、雕塑、重建品或者实景模型固化了这种叙事，让观众走进化石的生活，阅读它的生命故事。这些重建品和视觉图像中的一些成为文化上的编码，进入知识和公共环境，成为文化空间的重要标志。因此，这些图片、这些被刻画出来的姿势，是化石面向公众的来世的一部分。

“露西的身体在我手中成形时，很明显，她不会像活在今天的任何生物。她的解剖结构既有猿类的一面，也有我们熟悉的人类的一面，但她的身体又与这二者都不相同。”古尔切在描述他对露西的工作时分析道，“解剖学工作的含义是，在重建露西时，必须严格依照她自己的条件。我不能在这个独特的骨架上建立一个矮小的人形，也不能建立一个猿的身体。重建过程应该展示出她特有的身体。强壮、能干，还有一点机警，这就是我眼中露西重建完成后的样子。她正从一棵树上爬下来，刚刚以直立的姿势站到地上。但她并不是随便这么做的。地面是危险的地方。”[15]

这些祖先被重建的身体和随后的叙事已经被剥离干净，回到了化石注模身上。参观者看到的不是完整的实景模型场景，而是生动到令人震惊的原始人类脸部重建，是古尔切专门为史密森尼博物馆创作的。（古尔切的工作非常出色。和他的原始人类雕塑相比，其他大多数重建都像是《2001：太空漫游》中一身泥水的临时演员。）古尔切的重建作品独树一帜，拥有奇异和分离的元素，让原始人类成为脱离场景和故事而存在的个体。

早期的古人类重建，特别是20世纪中期以汤恩幼儿或者其他南非古人类为主题的实景模型，由于其过时的科学和表现形式——不再被科学机构支持的想法或者假设，在今天受到很多来自科学界的抨击。表面上看，否定一个实景模型很容易。可以说，我们对工具制造、社会动态和古环境的科学理解已经发生了很大的变化，所以应该把实景模型当作旧的、过时的科学残余加以否定。人们很容易认为：这些实景模型对博物馆参观者们来说是一种伤害，因为他们会带着“错误的”信息离开。我们很容易对重建品的表现形式提出异议，说因为实景模型表现的故事不精确，所以最好把它们从博物馆移除，只展示化石注模和描述。[16]

然而，这些故事将南方古猿人性化了，是一件强有力的事情。它使我们能够以人，而不仅仅是科学家的身份，接触到化石记录。它使我们对看到的化石更有同情心和同理心。正如我们已经将挥舞的棍棒接受为一个明确的文化主题——就像库布里克的《2001：太空漫游》里那样——我们也准备接受在其他情况下都不会有的人类祖先的叙事。给化石装上身体，反映了我们是如何自觉或者不自觉地使这些场景和人类演化具有更广泛意义的。由于她的声望——或称之为名字的品牌知名度——露西是博物馆人类演化故事板上一个价值无法估量的角色，特别是在史密森尼这样的博物馆里。在史密森尼博物馆的人类起源厅，三维重建的露西迎接着人类演化展的参观者。她为博物馆参观者们提供了一个类似古罗马诗人维吉尔的行程，引导参观者了解他们自己的演化故事，就像芝加哥菲尔德博物馆的霸王龙苏引导参观者们了解侏罗纪时代。对露西的引用出现在大厅展品的说明中，其他科学和自然历史博物馆也经常用露西这个熟悉的角色来引导游客了解人类的演化叙事。

但真正的露西并没有在任何博物馆中展出，即使是她老家的亚的斯亚贝巴博物馆。埃塞俄比亚国家博物馆展出的是露西骨头的注模，近旁的玻璃柜中摆放的是在埃塞俄比亚发现的其他人类化石的注模。真正的露西骸骨被小心翼翼地锁在几栋楼外的实验室保险库里。国家博物馆中展出的其他文化、宗教和历史文物展示了过去和现在之间的深刻联系，为露西提供了一系列背景。因此，当露西——她真正的骨头——来到美国巡回展览时，展览为“博物馆中的露西”升级了动态。突然间，观众不再简单地通过著名化石的复制品来学习“演化”或者“科学”，而是排队观看一个著名偶像。

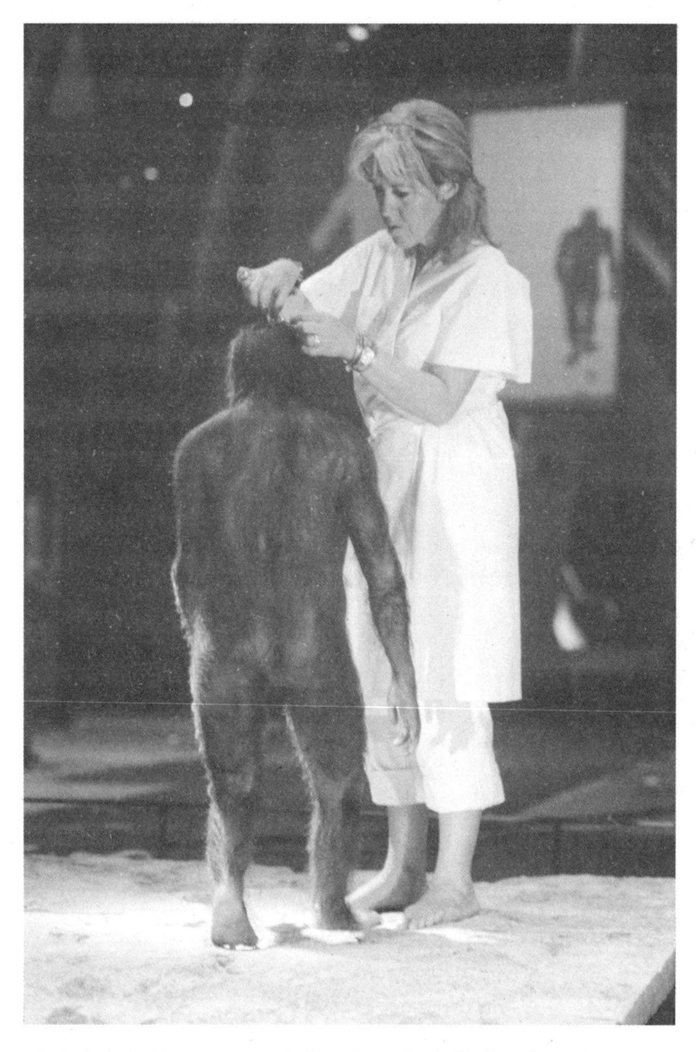

重建南方古猿露西。巴黎戴恩斯工作室的法国雕塑家伊丽莎白·戴恩斯正在进行露西标本南方古猿阿法种的重建。露西行走在1976年发现于坦桑尼亚莱托利发现的化石脚印上。（普拉伊/戴恩斯/科学图片库）

◎◎◎

2007年，休斯敦自然科学博物馆与埃塞俄比亚政府和美国国务院合作，启动了为期六年的露西博物馆巡展。巡展的目标很简单，组织者希望通过参观该国最著名的艺术品——标志性的原始人类，增进人们对埃塞俄比亚文化的认识，并给埃塞俄比亚一个展示文化遗产的机会。“这将使埃塞俄比亚以人类和文明摇篮的身份出现在地图上。”2006年，埃塞俄比亚时任文化和旅游部部长穆罕默德·迪日尔（Mohamoud Dirir）这样宣称。就像观众可能会排队观看图坦卡蒙国王墓中的珍宝或马丘比丘的文物一样，一个展示露西真实骸骨的展览融入了更广泛的埃塞俄比亚历史背景中，将博物馆体验变得真正独一无二——它凸显了这种前所未有的化石借用的特殊性。科学作家安·吉本斯（Ann Gibbons）指出：“埃塞俄比亚官员对露西寄予厚望，希望她能像图坦卡蒙国王的财富对埃及所做的那样，为埃塞俄比亚做出贡献。”[17]

用真正的露西举办展览的可能性引起了巨大的争论。让这样一个不可替代的著名文物作为博物馆巡展的一部分离开它的祖国，许多人对此感到不安。许多博物馆——如史密森学会、美国自然历史博物馆，甚至是露西早年待过的克利夫兰自然历史博物馆——都拒绝举办展览，理由是担心可能对骨头造成损害。肯尼亚古人类学家和著名活动家理查德·利基也反对将原始人类化石运出其原籍国。包括他在内的一些人声称，这违反了联合国教科文组织下属的国际人类古生物学研究协会在1998年制定的一项决议，该决议不鼓励将人类化石从其发现地运走，并强调应在博物馆展示中使用复制品。“如果把化石送出国门，肯尼亚和埃塞俄比亚就不再是研究化石的地方，也就改变了博物馆作为科学研究场所的作用。”肯尼亚国家博物馆前馆长利基说。[18]

迪日尔反驳了利基的观点。他援引埃塞俄比亚官员的想法：宣传露西和他们国家丰富的文化遗产有助于吸引游客到埃塞俄比亚并改变其形象。“钱会流向博物馆，而且只流向博物馆。”迪日尔说，“仅仅把化石留在埃塞俄比亚，并不能令科学、博物馆或者这些化石的保管者有所发展。”（除了建立对埃塞俄比亚历史和人类演化的认识外，露西的美国之行还将在化石的数据方面得到新收获。她在得克萨斯大学奥斯汀分校接受了计算机断层扫描，所得数据被传到亚的斯亚贝巴的国家博物馆，供未来的研究人员使用。）著名的埃塞俄比亚古人类学家，当时在德国莱比锡的马克斯·普朗克演化人类学研究所的泽拉塞奈·阿莱姆塞吉德（Zeresenay Alemseged）博士——也是2001年塞拉姆（Selam，绰号“露西的孩子”）的发现者，对此持怀疑态度。“哪些埃塞俄比亚人从中受益了？我没有见到一份明确界定埃塞俄比亚国家博物馆作用的文件。”他在2006年接受《自然》杂志采访时说，“我没有听说哪位埃塞俄比亚的古人类学家参与其中。如果产生了收益，应该明确这些钱当中有多大比例将助力埃塞俄比亚的科学事业。”[19]

1980年，露西途经克利夫兰回到埃塞俄比亚后，立即被送到亚的斯亚贝巴的国家博物馆，并严密上锁保存。在刚刚兴起的埃塞俄比亚民族主义中，这样一个具有标志性地位的化石是特别强大的文化符号，凭借其自身的史前史来说明埃塞俄比亚历史之古远。对任何种类的埃塞俄比亚化石或者考古材料感兴趣的研究人员都必须前往国家博物馆开展研究；希望研究露西的科学家需要得到博物馆和化石保管员的批准，才能在露西自己的地盘上研究、测量和校准，仿佛一场以数据为导向的朝圣之旅。

时间退回到大概35年前。得克萨斯州众议员米奇·利兰（Mickey Leland）通过与粮食和人道主义机构的合作，努力为埃塞俄比亚争取更多的财政资源，与该国的多位部长建立了牢固的关系。整个80年代，利兰议员曾经频繁拜访埃塞俄比亚，在埃塞俄比亚拥有良好的声誉。在他不幸坠机身亡（1989年，在执行缓解埃塞俄比亚遭受的严重饥荒的任务过程中）后，埃塞俄比亚的总领事们希望找到一种方法来纪念他的工作和遗产，而他们的努力甚至一直延续了几十年。他们提议举办一次巡展，主角就是他们最知名的偶像——那块在20世纪80年代初被送回博物馆后就没有离开过的化石，那块在大众和科学界眼中也许最知名的化石。谈判和后勤工作又耗去了数年时间，巡展到2007年才终于成为现实。[20]

2003年，德克·范·图伦豪特（Dirk Van Tuerenhout）博士接到一个意外的电话。作为休斯敦自然科学博物馆的人类学馆长，他习惯于回答关于特定展品市场潜力的问题，协调馆内稀有和私有文物的展示与奇怪的遗赠和要求。范·图伦豪特职业生涯中参与策划了各种各样的展览——《死海古卷》（2004年）、《木乃伊：内幕》（2005年）、《丝绸之路的秘密》（2010年）、《拉斯科洞穴壁画》（2013–2014年）和《大宪章》（2014年）。那天午餐时间，范·图伦豪特接起电话时，满以为对方打算针对博物馆最近举办的展览提出一些相对不切实际的问题。结果，谈话内容把他吓了一跳。[21]

电话那头的女人自称来自得克萨斯州旅游局，是旅游局官员，她问，休斯敦自然科学博物馆是否举办过任何考古展览，如果举办过，是否有过从很远的地方来而需要住酒店的访客。范·图伦豪特礼貌地给予这两个问题肯定的回答。然而，他被“有多少人来到博物馆，然后在休斯敦的酒店过夜？”这个问题难住了。他说他不知道，然后反过来问对方为什么提这些问题。这位旅游官员回答说，可能会有一个关于埃塞俄比亚的展览来到得克萨斯州的休斯敦，而且“露西女士将成为其中的一部分”。

很难找到一位称职的人类学家不会把“露西女士”和那个标志性的原始人类化石联系起来，范·图伦豪特笑着回忆道。那次谈话是休斯敦自然科学博物馆和埃塞俄比亚国家博物馆之间长期合作的开端，范·图伦豪特和其他人开始致力于组织露西和其他埃塞俄比亚文物的展出。[22]

协商露西的21世纪巡回展览不是一项小任务。在考虑到底要不要举办这次巡展，以及如果要举办，该以什么样的形式举办的过程中，馆长、科学家、艺术史学家、政治家和不同的埃塞俄比亚团体都有各自不同的利益，而且有时候相互冲突。美国博物馆和埃塞俄比亚博物馆之间就展览以及哪些文物将与露西同行的问题展开了长达数月的谈判。甚至还没等到探讨哪些宗教文物、三联画或者其他圣像可以离开国家博物馆，埃塞俄比亚东正教主教就提出了严肃的质询：文物在借出期间将被如何对待，以及如何安全返回。然而，比起三联画或者游行十字架，关于借出文物的大部分讨论都集中在露西的安全返回以及对化石损坏或者丢失的担忧上。失去露西意味着失去埃塞俄比亚现代史和史前史的一个重要部分。

然而，从许多方面来说，他们的关注似乎取决于对露西曾经——或者现在——是何种文物的理解。界定露西是哪种文物将决定博物馆和观众应该如何看待她，但这也意味着，在创造将要被展出的“露西”的过程中，不同的观众贡献了不同类型的专业知识——了解化石这样的科学物品如何从宗教圣像之类的事物中汲取社会声誉。当然，在埃塞俄比亚东正教科普特传统中，圣像有其特定的位置和作用。着色大胆而简单、浓墨重彩描绘眼部的圣像固然起着宗教提醒的作用，同时也是文化的见证——对叙事和文化地位的肯定。圣像的特点是展示宗教影像中的经典场景——圣母领报、耶稣诞生、耶稣受难、耶稣升天，这些圣像通常被画成系列画的一部分或者三联画。除了基督的生活场景外，还可以看到其他常见的主题，比如圣乔治和龙。这些画的特点是让人物（或者场景）脱离任何一种特定的环境或者背景。[23]

然而，这并不仅仅是一个简单的见解，即宗教主题渗透到特定的文化背景中。从露西与科普特圣像的关系这一角度来思考她，深化了她的文化角色和解释力。作为圣像本身，她成为一个角色，演绎着作为埃塞俄比亚国家故事一部分的道德宇宙和道德哲学。她的故事是化石偶像崛起的故事之一，这个偶像——阿姆哈拉语中的“丁金奈什”或通常说的“露西”——所承载的意义远远超出其简单的科学背景。

艺术界和策展界一次又一次地提出并回答了文物的客体性问题。这些文物被投保并运往世界各地进行展出和巡展。与展示化石骨骼模型的自然历史展览不同，没有一家艺术博物馆会宣传毕加索复制品或者马蒂斯赝品的展出。博物馆所展示的艺术品有不言自明的真实性，而这一点未必适用于古人类学展览。如果因为露西是罕见文物而反对，那么其实是有运输和展示罕见而不可替代物品的手段和方法的。但是所有物品——无论是否有明显的科学属性——都起到了文化符号和象征的作用，进入我们的感官，传递给我们信息，传达蕴含在物品中的预期意义。

选择举办露西和埃塞俄比亚展览的博物馆——如西雅图太平洋科学中心或休斯敦自然科学博物馆——能为观众提供范・图伦豪特认为的完全独特和重要的教育机会。（接受《纽约时报》采访时，休斯敦博物馆馆长乔尔·巴特什（Joel Bartsch）估计，露西在休斯敦展出的一年，吸引了大约21万名参观者，数量庞大的参观者纷纷来了解埃塞俄比亚的历史、史前史和化石历史。）[24]著名化石的注模、重建和图像已经可以帮我们了解科学对话和古人类学“实操”，真实化石的力量就更不用说了。人类学家克里斯蒂·鲁顿亲眼看到汤恩幼儿时有和我一样的反应；对于谁“真正”制造了皮尔当骗局，或者“真正的”北京人化石到底在哪里，人们有着永无休止的探求欲望。然而，这些虚像——复制品、照片、科学史料——与真正的化石是不一样的。

◎◎◎

每一场展览都是由成百上千或大或小的选择组成的。选择展出什么、在哪里展出以及如何展出，继而引出更多选择：在展览前中后，应该如何运输、储存和策展——《露西的遗产》也不例外。

《露西的遗产》展览的媒体广告，2007年。（图片来源：休斯敦自然科学博物馆）

《露西的遗产》展览的媒体广告，2007年。（图片来源：休斯敦自然科学博物馆）

策展团队包括图森市亚利桑那州立博物馆的保存部门负责人南希·奥德加德（Nancy Odegaard）博士，以及罗纳德·哈维（Ronald Harvey）和维基·卡斯曼（Vicki Cassman）博士。这个团队为露西的展览精心策划了令人难以置信的相关后勤工作。“作为保护者，我把自己看作物品的拥护者，”奥德加德说，“一旦决定要运送一件物品，我就会努力解决潜在的问题并平衡风险。但首先，我是物品的代言人，因为它们不能为自己说话。”[25]在为时六年的展览期间，对前去观看露西的千万参观者来说，他们所看到的，实际上是策展团队在露西远未离开埃塞俄比亚时就已经做出的数千项决定的结果。

古人类学家可能会通过化石来解读物种的演化史，而馆长则可以通过化石出土后得到的处理方式来解读该化石的文化史。馆长不是“文物技术员”，而是专家，他们提供的信息意味着化石可以被科学家研究，可以在博物馆里被看到。他们知道什么类型的胶水可以把化石粘在一起，而什么类型的胶水会导致发黄和变质。他们知道如何适当清点和储存文物。“我们可以看到骨头和化石的变化，”奥德加德指出，“作为保护者，我可以看到写在化石上的文化历史，胶水可能已经变色，博物馆的编号也许已经磨损。随着时间的推移，即便是用卡尺测量也会造成化石的磨损。”[26]

奥德加德、卡斯曼和哈维前往埃塞俄比亚，在国家博物馆参观了露西，以便更好地了解移动她需要满足的条件。馆长们清点了化石骨架，并整理了露西当时在博物馆的编目情况。他们制作了旅行箱，利用露西的注模来观察所有东西该如何组合在一起、如何取出来以及通过海关和不同的博物馆。“露西乘坐头等舱，头顶的行李舱里，76枚化石碎片分别装在两个派力肯牌的箱子里。万一天公不作美，飞机坠入大海，两个箱子都能浮在海面上。”罗纳德·哈维说。[27]

奥德加德为露西的每一枚骨片设计并定制了塑料小密封袋。这样如果“箱子”要打开接受海关检查，也不会有人接触到化石本身。（“它就叫‘箱子’，”奥德加德笑着说，“是它的专有名称，首字母大写。”）每块骨头都有正面和背面两张照片，贴在相应的袋子上。“这意味着，如果什么东西丢失或者有什么不对劲，立刻就能有人看出来。”奥德加德回忆道，“唯一真正能触摸化石的人是国家博物馆馆长阿莱姆·阿德马苏。露西装箱和开箱时，与保护员罗纳德·哈维一起在房间里的只有阿莱姆和博物馆的主任。限制与化石接触的人数是限制潜在损害的一种方式。”[28]（2015年7月，时任美国总统的巴拉克·奥巴马访问东非期间，在埃塞俄比亚见到了露西。奥巴马总统和化石都受到了车队护送穿越市区的礼遇。在埃塞俄比亚总统府的国宴前，埃塞俄比亚古人类学家泽拉塞奈·阿莱姆塞吉德（Zeresenay Alemseged）博士对露西的解剖结构进行了非正式的即兴演示，并鼓励奥巴马总统触摸化石。一些同事对此提出质疑，而据《华盛顿邮报》引述，阿莱姆塞吉德当时说："非凡的人该有非凡的机会。"）[29]

奥德加德、哈维和卡斯曼对箱子进行了几次试运行，装载和卸载复制品，试图找到运输系统中任何潜在的问题，寻求降低化石损害风险的方法。露西在每家博物馆停留的前后，哈维都为她拍摄了照片，等她被送回埃塞俄比亚之后，这些照片用来评估化石。"巡展过程中，她没有遭受任何损坏。"奥德加德指出，"感觉这是前所未有的事情。"[30]

2007年3月，在休斯敦，我在《露西的遗产》展览中见到了她。那场展览不同于我所见过的任何古生物展览。大多数传统的化石展览都是在宽敞明亮的大厅里，人们拖家带口地挤在实景模型和重建模型周围，讲解员在欢呼雀跃的学校参观团中大喊大叫，使自己的声音不被喧闹淹没。露西周围的格调非常不同——存放她骨头的房间与博物馆其他地方的氛围不同，甚至与旁边摆满埃塞俄比亚文物的明亮房间相比，给人的感觉也不一样。博物馆的其他部分是喧嚣的，而露西所在的幽暗房间却让人感到压抑而虔诚。公众从化石前走过，仿佛葬礼守灵一般，露西按解剖学结构俯卧在桌子上。也许更贴切的比喻是，参观者经过的是一处宗教遗迹——黑暗的房间、庄严的展示以及化石非生活化的姿势创造了一种氛围，表明露西的生活与两个展厅外的猛犸象和恐龙不同，后者的化石骨架复制品被排列成了运动中的姿态。该展览强调了标志性明星化石的复杂性以及在观众之间移动她的困难之处。对于公众和化石来说，这次巡展是一次复杂而纠结的朝圣之旅。无数科学家、古生物爱好者和博物馆参观者跋山涉水来到举办展览的博物馆，就为抓住这千载难逢的机会观赏化石。

在其他科学博物馆里，露西的注模复制品通常是在环境景物画的衬托中，呈现某种运动姿态，而休斯敦博物馆的庄严环境俨然一座仿中世纪的人类祖先灵堂。在这里，露西与科普特基督教的十字架和绘画（加上来自东非大裂谷的石器和古地磁学岩石样本）混杂在一起，成为当代偶像——科学、文化和情感的混合。

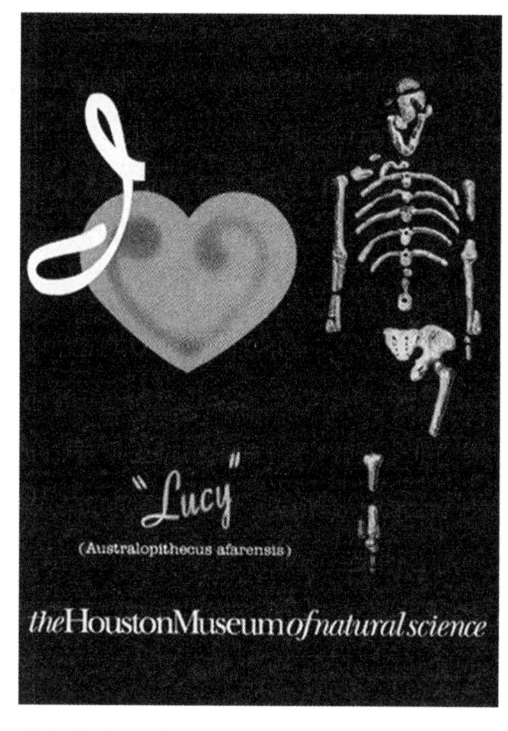

休斯敦自然科学博物馆，《露西的遗产》展览的礼品店赠品，2007年。（莉迪亚·派恩。图片来源：休斯敦自然科学博物馆）

"身为科学家，我称露西为'神话'是很危险的。当然，露西的真正意义并不在于任何象征，而在于她为理解演化过程，特别是人类这一物种的演化起源提供的所有经验性证据。"唐纳德·约翰逊在他1990年的畅销书《露西的孩子》中指出。[31]但是据19世纪语言学家费尔迪南·德·索绪尔（Ferdinand de Saussure）称，符号和象征表达了文化倾向和意义。我们像呼吸一样不由自主地读取这些社会线索。它们是我们借以理解周围物质文化的语言，而且我们实际上不可能不从社会线索中汲取灵感，来解释正在被我们内化的东西。[32]

◎◎◎

自从露西被发现以来，媒体上几乎所有关于其他化石发现的报道都把她当作参照物。新化石要么是露西与我们共同的祖先，要么不是。像塞拉姆——三岁的幼年南方古猿，由泽拉塞奈·阿莱姆塞吉德于2001年发现——这样的化石便被称为“露西的孩子”，使相对较新的化石发现（2006年发表）具有了文化上的亲近感。像《很久以前的露西》《露西的孩子》《从露西到语言》和《露西的遗产》等大众科学书籍，在吁求读者对作为文化符号和象征的露西的理解和认识时，不但使用了各种带有头韵的标题，还引入了露西的影响力。

作为露西的随行人员，保管员罗纳德·哈维在六年时间里跟随她辗转各大博物馆。“她真是科学界的贵妇人。”他说，“我认为她与人类的联系处于一种我在任何其他文物上都不曾见过的水平。”[33]克里斯蒂·鲁顿对我说，露西可以用来向非专业人士解释她的研究，而且她知道其他几个人类学家也会这样做。一般会说：“我们研究手、脚、运动、骨盆等的演化。听说过露西吗？如果说露西的行为或结构是这样这样的，那我们作为智人，则是那样那样的。”[34]

露西的故事——她的肖像——已经整合成型，并被反复讲述。著名的注模公司“骨头克隆”（Bone Clones）指出，过去十年中，其露西注模销售额一直保持稳定，这在很大程度上要归功于她在教育领域的吸引力。“露西已经成为公众心中的标志性人物，因此学校希望以她为例教授人类学。公众已经知道并认为露西是所有现代人类的‘母亲’。当然，这个说法太夸张了，但露西注模仍然是很棒的教学工具。”[35]

会不会有另一个露西？会不会有其他化石有和她一样的魅力？会，也不会。会，是因为随着越来越多的化石被人们发现，并通过科学出版物进入文化领域，说不定另外某块化石将拥有露西目前享有的民族主义、科学和标志性地位。露西和所有文物一样，是她所处的各种背景的产物。推动她达到如此标志性水平的部分原因是构成她一生和来世的时间和地点。多种多样的背景不可能人为制造，而化石获得文化生命所需的时间也根本无法缩短。所以不会，也不可能有另一个露西。然而这一点，不能也不会阻止其他化石的尝试。

第六章

霍比特人佛罗：饱受争议的宝贝

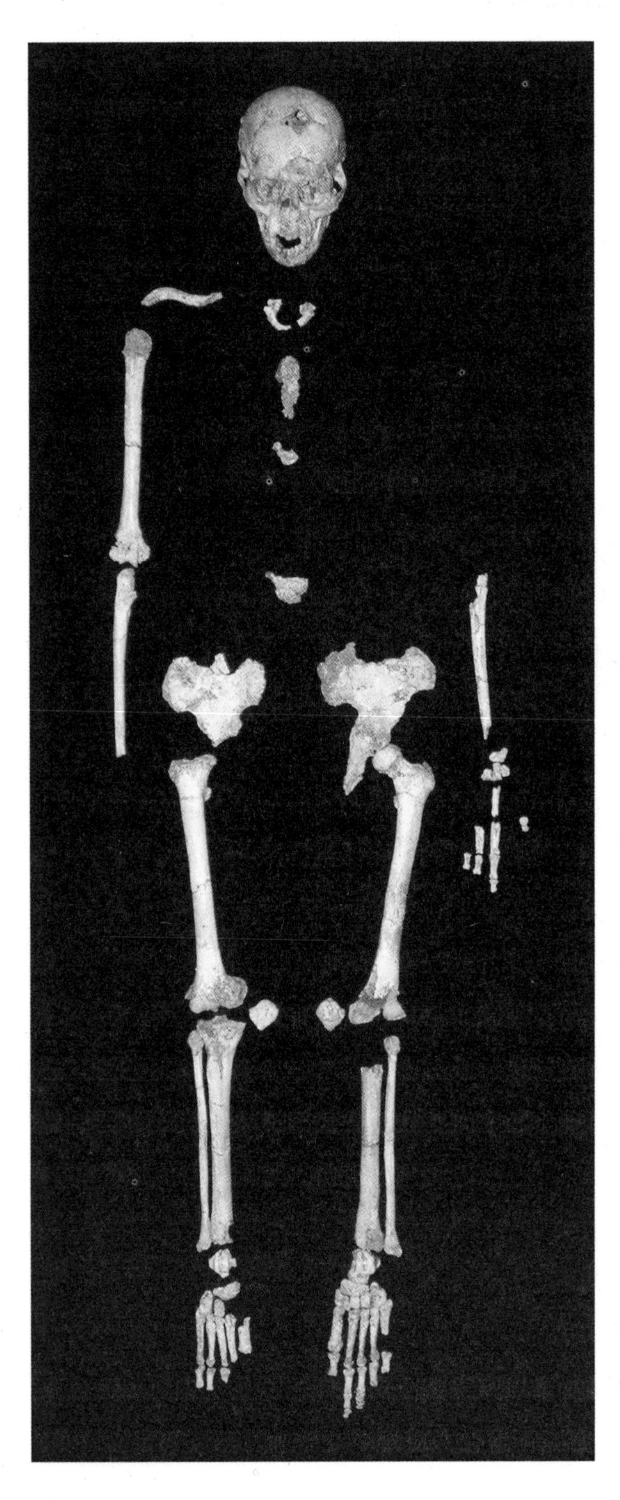

佛罗勒斯人LB1的肖像。（威廉·荣格斯。经许可使用）

“清晨，我们去了现场。进入洞穴后，我说不出话来，因为我的大脑和心脏都难以承受这不可思议的时刻。”回忆起2003年印度尼西亚佛罗勒斯岛梁布亚的野外发掘季，考古学家托马斯·苏蒂柯纳（Thomas Sutikna）博士这样描述当时的情景。[1]经过数年的规划和数月的发掘，团队终于有了了不起的化石发现——古人类学界为之掀起了轩然大波。他们发现的是一具真正惊人的人形化石。一经面世，这个奇怪的标本便立即引发大量科学争议，并持续了十多年。虽然这个三英尺高的小个子成年原始人在科学文献中被命名为“佛罗勒斯人”（*Homo floresiensis*），被研究小组称为“佛罗”（Flo），但在现实世界中，她最著名的身份是“古人类中的霍比特人”。

截至2003年的梁布亚野外发掘季，科学文献中已经超过十年没有新增任何新人类化石物种了。尽管仍然有化石进入科学记录，但它们都轻松归入了已确认的人类化石分类，例如露西归入了南方古猿阿法种，而汤恩幼儿归入了南方古猿非洲种。因此，在佛罗勒斯岛发现的佛罗和其他八个矮小原始人类，从根本上改变了人类演化的研究。在相对较晚的地质记录时期，在东南亚发现一个身形如此小的人，拥有如此小的脑，颠覆了科学家对人类演化的认知。这一化石对原始人类演化史上关于“谁”“什么”“何时”“何地”的既有观点提出了挑战——换句话说，这次发现是件新鲜事，出乎意料，而且令人完全摸不着头脑。

佛罗勒斯人的发现不仅在科学界极受重视，还引起了公众极大的兴趣，因为化石公布时正好赶上了2001年至2003年《指环王》三部曲最后一部的公映。很大程度上多亏了伊利亚·伍德（Elijah Wood）塑造的戴着假耳朵的霍比特人弗罗多·巴金斯，才在佛罗勒斯化石公布时，让公众已经习惯了在小生物身上寄予厚望。化石被发现时，全世界都认为是一个身材矮小的人型生物，而事实也如大家所愿。《自然》杂志2004年10月发表佛罗勒斯标本时，我还是研究生，那个学期正在南非沿海地区进行一个古生物考古项目。这一发现震惊了项目中的每个人。现场负责人不停地说：“它就这么大！这么高！太疯狂了！真的是霍比特人！”他忍不住用手比画着这个物种娇小玲珑的体型——手放腰间，表现那种小小的身材。“接下来是什么？甘道夫？莱戈拉斯？我们要不要向国家科学基金会申请在魔多发掘的资金啊？”

化石一经发现，就会被归入一个物种——要么是新物种，要么是已经确定的。对于许多著名的发现，比如露西、汤恩幼儿甚至是皮尔当，其骨骼与以前发现的有很大不同，从而证明了建立新物种归类的合理性。然后，所有的化石发现都被纳入演化谱系图中——科学家描述化石在演化史中的位置，赋予它们演化叙事和背景。（这个物种是另一个物种的祖先吗？它是否或多或少地与那个物种有相似之处？）但是新的化石发现也必须能够融入文化背景。对某些化石来说，比如汤恩幼儿，努力跻身原始人类的演化就是它的文化故事。对其他某些化石来说，比如皮尔当，化石与文化叙事的契合是人为构思的结果，而文化故事则是对化石为契合演化论范式而完美设计的强行匹配的拆解。然而，佛罗的故事与其他明星化石非常不同，是一种新模式。佛罗根本不符合当时存在的系统发育模型——她太小了，在地质记录中也太晚了，无法归类为人科的某条分支，而事实上，她的文化故事映射到了一个预先存在、且因《指环王》系列的上映而唾手可得的模板上。就好像化石的发现是为了向一个蓬勃发展的文化模因赋予意义——她在被发现之前便已然成名，而这种文化的具象化正是使她名声如此独特的原因。

◎◎◎

1995年，考古学家迈克·莫伍德（Mike Morwood）博士在澳大利亚新南威尔士州新英格兰大学当讲师。多年来，他的研究以澳大利亚原住民考古为重点，特别是在澳大利亚北部的金伯利地区，该地区可能是260万年至1.1万年前的更新世期间，第一批从亚洲抵达澳大利亚的人类的登陆地。（不过最新研究已经把第一批澳大利亚移民的登陆时间定位在6万年到4万年前之间。）在花了数年时间研究早期智人在澳大利亚大陆的迁徙路径之后，莫伍德发现自己禁不住好奇亚洲的第一批移民是怎么来的，又是从哪里来的，因为所有可能的路线都必须穿过一条叫作“华莱士线”的无形生物地理学分界线，描述了亚洲大陆、亚洲岛屿和澳大利亚之间动植物物种的分离以及分离的模式。更新世人类向澳大利亚的迁徙可能有过数条路线上的选择，而且这几条路线的可能性不分高下：一些迁徙者可能沿着盛行的洋流，在新几内亚的西端和阿鲁岛（更新世时期大澳大利亚海岸线的一部分）登陆；另一些可能选择了从努沙登加拉群岛开始，以龙目岛、佛罗勒斯岛为跳板，经帝汶岛到金伯利。莫伍德想将他的研究重点从澳大利亚转移到东南亚，特别是印度尼西亚，以这种方式将研究方向回溯到第一批澳大利亚人这个问题上，最终解决他认为的考古学和古人类学中的“大问题”。

到20世纪90年代中期，莫伍德开始给印度尼西亚的研究人员写信，探讨合作项目的可能性，以研究早期智人在华莱士线地区的三条潜在迁移路径。进展的缓慢令莫伍德感到沮丧，于是他干脆去了雅加达，和国家考古研究中心（ARKENAS）的雷登·潘吉·苏约诺（Raden Pandji Soejono）教授会面，还会见了万隆地质研究与发展中心（GRDC）的古生物学家法赫罗尔·阿齐兹（Fachroel Aziz）博士，两人对他的项目提案很感兴趣。阿齐兹立即对合作项目充满热情，因为多年以来，他和他的团队在多个考古遗址一直在不断发掘石器文物。佛罗勒斯周围的几个小规模项目为拨款提供了依据，使澳大利亚和印度尼西亚两国组成了一支联合发掘团队。正是以这个合作项目为基础的工作的不断开展，才终于促成了2003年的野外发掘季。

项目慢慢扩大，来自GRDC、ARKENAS、加札马达大学和澳大利亚东北大学的其他考古学家纷纷加入，野外考察工作于2001年在索阿盆地启动。研究人员探访了盆地内的不同洞穴，也就是梁布亚和梁嘉兰。“第一次踏入洞穴，我立即被它的规模震撼到了。特别令我印象深刻的是，它有多么适合人类居住：宽敞，光线充足，面向北方，黏土地面平坦干燥，足够作为舒适的居所。”莫伍德在回忆他初次探访梁布亚时说。[2]

在佛罗勒斯人发现地梁布亚的发掘。（图片来源：维基媒体，CC BY-SA-2.5）

梁布亚遗址的项目将以荷兰传教士、业余考古学家西奥多·范霍汶（Theodor Verhoeven）神父在20世纪50年代开展的早期考古工作以及苏约诺教授等专业考古学家在20世纪80年代进行的发掘为基础。2001年3月，团队开始认真准备梁布亚的现代发掘工作——发掘工作将在ARKENAS的授权下进行，并确定了合作发布细则。2001年4月10日，莫伍德和同事们飞往西帝汶的古邦，向文化、警察和社会政治等部门申请发掘许可证。

“梁布亚非常易于开展工作。”莫伍德解释说，“踏进去之前，你根本意识不到它有多大。现在芒加莱省政府已经安装了侵入性的混凝土拱门和通道，通道尽头是一道可以上锁的门，门两旁是顶着刺的高大铁丝网，阻挡人们进入洞穴。钥匙由官方洞穴守护人里库斯·班达尔（Rikus Bandar）和他的儿子阿古斯·曼加（Agus Mangga）保管，他们还为少数来到如此远离省会鲁滕的地方冒险的游客做向导。”[3]更早的几十年里，范霍汶神父第一次来到佛罗勒斯，梁布亚还是一所小学。（梁布亚是范霍汶神父在佛罗勒斯岛做常驻牧师和史前学家的17年中发掘的众多遗址之一。）1950年，范霍汶认为这个洞穴是很好的发掘项目，恰好当时一处更传统的校舍开放了。他在离洞口很近的西侧洞壁上挖了个小试验坑，背对着洞穴后面的一些洞顶掉落物。

21世纪梁布亚的早期挖掘工作产生了令人惊异的大批量文物。撬开洞底坚硬的流石后，下面的黏土层满是文物：石器、骨头和牙齿——每立方米沉积物中蕴藏的文物多达5000件。每个发掘季都要处理近200吨的洞穴沉积物，筛查里面可能含有的文物。这些人工制品的存在表明洞穴中有过非常古老的人类活动，而问题仅在于是哪个物种。当研究人员在大约6米深的位置发现一小块很像是人类的手臂骨头——一根桡骨，他们更是将成倍的努力投入发掘工作中。"为了掌握梁布亚发掘工作的进展情况，我每天晚上都会给鲁滕的辛达酒店打电话，听取关于进展、发现和问题的总结。"莫伍德写道，"8月10日，托马斯接了电话，仿佛他一直在电话那里等着。他兴奋地告诉我，他们刚刚在第七区六米深处发现了一具非现代儿童的骨架。他们找到了！他们发现了与剑齿象骨骼和文物同年代的原始人类。我们项目的第一年就开了个好头。"[4]

"2003年迈克·莫伍德离开发掘季前，我说：'你为什么现在离开？如果你离开了，搞不好我们会发现什么重要的东西。'几天后，9月2日，我正在第七区监督。当地工人正在5.9米左右的深度挖掘，铲子碰到了一块头骨。团队中一位专门研究动物和人类骨骼的成员下来说：'是的，我敢肯定这是人骨，但它非常小。'"十年后，野外考古学家瓦尤·萨普托莫（Wahyu Saptomo）接受《自然》杂志记者尤恩·卡拉韦采访时如是回忆那个发现时刻。萨普托莫立即意识到，团队看到的东西可能有着怎样的规模。"托马斯，他生病了，那天他在酒店里。所以我回去和他碰面。我说：'我们发现了非常重要的东西。我们在更新世的地层中发现了第一个原始人类。'"[5]

与之前在梁布亚遗址发现的任何东西都不同的是，人骨的发现是该遗址发掘工作中一个极其重要的时刻。在发现人骨之前，将遗址中发现的大量石器组合与特定的物种联系起来几乎是不可能的，更不用说弄清这些文物的使用方式了。因此，一具真正的人类骨架出土时，研究人员就明白，他们将能把这个人类化石与在洞穴沉积物中找到的石器联系起来了。然而，由于骨头非常脆弱，在发掘过程中获取它们是非常困难的——事实上，它们并没有经历过化石过程，用研究小组的话说，它们就像“湿的吸墨纸”一样，因为它们所在的土壤太潮湿了。[6]骨头的保存应该会很成问题——事实也确实如此，研究者们非常担忧骨头遭受损害，因为它们太软了。

迄今为止，从该遗址中一共发现了九个个体遗骸，包括一个完整头骨。它们刚被发现时，现场的研究人员和挖掘人员并不知道这些到底是什么。显然，它们属于某种“人类”，但是成年人还是孩子、归为哪种人属动物，以及年龄有多大，都还是有待解答的问题。莫伍德给他的同事、古人类学家彼得·布朗（Peter Brown）博士寄了一张草图，请他对这些标本进行评估，并邀请他来佛罗勒斯看看这一发现。

“迈克（莫伍德）对人类骨骼了解不多，印度尼西亚的研究人员也不了解。我当时很怀疑。要说像什么的话，那幅画像个希腊水缸。”布朗在2014年接受卡拉韦采访时回忆说，“我感兴趣，也乐意去雅加达。观光很有意思，我喜欢那里的食物、氛围、文化以及其他一切，但没指望找到什么有趣或重要的东西。我觉得那充其量是个未成年现代人的骨架，说不定可以追溯到新石器时代，或更早一点。另一种可能是个病态个体，是有生长障碍的人，这是我当时的预期。”[7]布朗和科学界的其他人士很快就会发现，他们错得有多么离谱。这些骸骨终被证实绝非等闲之物。

◎◎◎

2004年，梁布亚研究小组在《自然》杂志上正式发表了他们的发现。由于《自然》杂志的媒体封锁，在发表之前，没有丝毫关于这一发现的风声传到古人类学界，因此这一消息在科学界引起了轩然大波。论文中，研究人员描述了LB1（“佛罗”）的解剖结构，并将该化石指定为佛罗勒斯人——新物种——的类型标本，因为骨头的大小和形状与收集到的任何其他化石都大不相同。研究人员强调了LB1几乎完整的骨骼的独特特征——应该是成年女性，身高约3英尺，体重在35磅至65磅之间，死于大约1.8万年前。LB1的头盖骨很小，大致与黑猩猩的相当，形状令人生疑。佛罗勒斯标本——霍比特人般矮小的原始人类——可以两足行走，考古学家还发现了证据，表明该物种能够有控制地使用火，制造过矛头，并有集体狩猎行为——对这个并非直立人、尼安德特人或者智人的新化石物种来说，这些都是复杂得几乎不可能的行为。

佛罗勒斯的矮小原始人类骸骨引起了震惊，但也受到了审视。化石被发现后，古人类学家威廉·荣格斯（William Jungers）博士参与过很多针对它的解剖学研究。在佛罗勒斯发现十周年之际，他回忆说："我看了日历，确定那天不是愚人节，竟然会有这么小的原始人类，在东南亚与世隔绝地演化了不知道多少年，而且几乎一直延续到全新世。"[8]由于地质学家把全新世的开始时间确定为大约1.1万年前，荣格斯博士的论述强调了这一事实：从化石记录来看，佛罗勒斯人一直生存到了非常后面的时期。对于怎么解释化石标本的小尺寸最合适，科学界似乎产生了分歧——疾病？新物种？遗传畸变？——并迅速使东南亚重新成为古人类学的焦点。

向古人类学界介绍这些标本的一部分意义是要将化石归类。化石必须得到一个科学名称，归入一个物种，而赋名则暗示着一部系统发育和演化生活史。假如将化石归入人属而不是南方古猿，便是为更新世原始人类的流动性和分散性提供了非常不同的叙事；而如果归入直立人，则意味着对单一物种内的变异程度有了不同的接受度；全新的属名和种名将意味着化石的形态实在不同寻常，以至于之前的发现和佛罗勒斯之间没有任何演化论叙事线索可以提供连续性。

最终，研究小组确定了*Homo floresiensis*这个学名——参考了科学界的同行评审。时任《自然》杂志高级编辑的亨利·吉（Henry Gee）回忆了该标本分类学方面的一些困难。"它出现在我们面前时，已经有了一个拉丁文名字，*Sundanthropus floresianus*——佛罗勒斯巽他地区的人。然后，评议者们说它是人属的一员，所以应该叫*Homo*，而其中一位评议者又说*floresianus*的意思其实是‘花状肛门’，所以应该叫它*floresiensis*。于是，*Homo floresiensis*这个名字就定下了。”[9]

佛罗勒斯化石不仅撼动了古人类族谱，还为21世纪的古人类学定下了基调。它的发现使人们意识到，古人类学仍然有奇特的新化石需要发现，这些化石可能也将会在意想不到的地方被发现，并深刻影响我们对演化问题的思考。

◎◎◎

佛罗故事的历史背景远早于20世纪50年代及在梁布亚早期的发掘。古人类学在东南亚的根基可以上溯到19世纪欧仁·杜布瓦发现爪哇人的时候。杜布瓦的发现拉开了考古学和古人类学一个多世纪的研究序幕，几十年来，科学家们在印度尼西亚各地的工作一直时断时续地开展着。虽然在杜布瓦最初发现之后，该群岛还有其他一些值得夸耀的原始人类发现——例如由德国-荷兰古生物学家古斯塔夫·海因里希·拉尔夫·冯·科尼格斯瓦尔德（Gustav Heinrich Ralph von Koenigswald）于1931年至1933年在爪哇发现的“梭罗人”（Solo Man，又名昂栋）——但是东南亚最后一个从根本上撼动了古人类学的大发现还是1891年发现的爪哇人化石。

杜布瓦在发表了他所发现的化石物种并将其称为“爪哇人”（*Pithecanthropus erectus*）之后，很快就开始声称他找到了“缺失的环节”——能够作为人类悠久历史的明确演化证据的古老祖先。（1950年，生物学家恩斯特·迈尔检视过爪哇和周口店的标本后，将爪哇人重新命名为“直立人”。骨骼的相似性令迈尔相信，尽管隔着时空，但它们实际上属于同一化石物种。）20世纪初，寻找人类与类猿祖先之间“缺失环节”的动力在科学家的化石研究议程中是个重点。人们认为缺失的环节是能表现出从类人猿到人类的连续谱系解剖特征的物种——这种演化观点现在被称为线性演化。

古人类学发展早期，杜布瓦处在一个相当奇怪的位置：他是有着完备知识的业余爱好者，也就是说他并没有学术或机构职位。然而，他接受的解剖学训练和他的医学背景——更不用说他对欧洲尼安德特人等19世纪末缺失环节化石发现相关材料的大量阅读——令他拥有了足够的专业知识，使他知道自己在寻找什么，并且在找到的时候能够意识到这一点。在没有机构支持以及独立财富的情况下，杜布瓦在荷属东印度群岛做了一名医生。他知道他可以凭借这个工作去爪哇，而且相信那个地方存在古代人类祖先。他于1887年开始调查，雇用当地岛民寻找化石，将工作重点放在东爪哇的特里尼尔和中爪哇的桑吉兰。1891年，在遍布梭罗河两岸的沉积物中发现了一组数量不多但很重要的化石。这个组合——一颗牙齿、一个头盖骨和一条大腿骨——成为第一个进入古人类学史的非尼安德特人物种。

杜布瓦尽情享受着他在1891年至1892年发现*Pithecanthropus*（“像猿的人”）带来的兴奋和热情，他认为这些化石遗骸是类猿祖先和现代人类之间缺失环节的证据。爪哇人化石立即在科学界引起轰动，并因此产生了大量的文章和科学论文。然而，到20世纪初，这些化石也引起了大量争议，因为许多研究人员对“过渡物种”——“缺失环节”——的存在表示怀疑，而且如果这些化石物种确实存在，科学家们也不希望它们分布在欧洲之外。爪哇人的光环开始暗淡，幕布缓缓落下。

事实上，暗淡是那么彻底，乃至新化石（如北京人和皮尔当）进入古生物学界时，科学家们对演化模式提出了不同的假设，特别是质疑“过渡物种”这样的概念到底有多大用处时，杜布瓦在20世纪初享有的科学声誉成了镜花水月。作为对这些批评——杜布瓦视作对他的人身攻击——的回应，杜布瓦带着爪哇人化石，煞有介事地回到家中，限制科学家们接触他的东南亚标本。因为确信科学界是在迫害和嘲弄他，杜布瓦拒绝研究人员接触这些骨头进行任何后续研究。他的逻辑是，如果不能研究这些骨头，研究人员便不能得出可能与他本人冲突的结论。

不管怎样，杜布瓦的发现将东南亚牢牢定位为寻找缺失环节的地方。爪哇人在一定程度上降低了非洲乃至欧洲的重要性。杜布瓦的故事，他的爪哇人，以及古人类学的早期发展阶段，成了一百多年后佛罗勒斯发现的历史原型。

◎◎◎

除了与爪哇人的历史关联，对佛罗的解剖学特征进行解释的尝试，也成了19世纪古生物学研究的一个特别有趣的场景再现。事实上，科学家们尝试解释佛罗模样的方法可以追溯到尼安德特人研究的早期。1856年在尼安德山谷发现化石标本之后，针对如何理解尼安德特人的头骨这一问题，自然历史学家们分成了两派，讨论这具化石是人类的变种还是彻头彻尾的另一物种。一些人认为，变异和颅骨形态与智人明显不同。另一些人则认为，颅容量的差异很容易用病理变化来解释，还拿一位畸形或患病的哥萨克士兵来举例。一种解释认为是新物种，另一种则用病理学解释形态学。

霍比特人似乎在重演这种观念上的分歧。换句话说，还是一样的困惑和争论，还是那些早就被提出过、用于早期古人类学发现的解释，都在微妙地提醒着人们，发现的类型和解释的类型与它们的历史根源保持着紧密的联系，围绕佛罗勒斯人骨头的解释几乎与人们早期对尼安德特人差异的解释完全一致。这些骨头要么属于新物种，要么是患病畸形个体的遗骸。大多数科学界人士仍然相信，佛罗确实是她本身这一物种的代表。

第一个摆在古人类研究人员面前的问题是佛罗的身材。她为什么那么小？最初发表佛罗勒斯人的作者们认为，佛罗代表了全新的原始人类物种，它可能有一个类似直立人的共同祖先，而佛罗极其瘦小的骨骼结构只是“岛屿矮化”的结果，这种现象——某个物种的体型在数个世代的时间内缩小——在其他哺乳动物（例如大象和河马）的岛屿谱系身上也有体现。

2005年，古人类学家迪安·福尔克（Dean Falk）博士认为，佛罗的脑没有表现出小头畸形（个体病理异常）的证据，但是这种形状意味着它并不是简单的“直立人的矮小后裔”，而是有尚未发现的祖先。换句话说，这个未被发现的祖先是佛罗和更古老的人属物种之间的演化环节。这一发现在2006年受到了质疑，当时菲尔德博物馆的罗伯特·马丁（Robert Martin）博士在《科学》杂志的一篇评论中提出，类似直立人祖先的身材缩水并不会导致“岛屿矮化”的结果。相反，马丁等人认为，佛罗之所以是这副样子，肯定是受到小头症等几种严重病症的影响。（小头症是指一系列导致脑体积变小的神经系统异常现象。）然而，现在科学界大多数人的共识是，岛屿矮化过程是佛罗在身体结构和脑尺寸两方面缩水的最佳解释。

对佛罗手腕和脚踝的研究表明，她的骨骼结构混合了原始和获得性特征。某些方面她与智人非常相似，而其他方面她又非常不同。虽然佛罗的脑很小，但对她手腕形态的研究证据表明，她和她所属物种的其他成员能够制造和使用石器。（根据不同研究，佛罗的脑体积在400~426立方厘米之间，而现代智人的脑体积约为1300~1350立方厘米。）这些石器——促使佛罗勒斯人团队开展了早期研究的文物——表明佛罗的物种可以猎杀小象和大型啮齿动物。灰烬中出现的被猎杀动物骨头表明，佛罗勒斯人拥有熟练的用火能力。[10]

综合来看，这些特征组成了有趣的演化叙事。伍伦贡大学的地质年代学家伯特·罗伯茨（Bert Roberts）博士诙谐地说，人类演化故事复杂性的增加立即影响了古人类学的日常探究。“故事原本简单明了，里面有现代人和尼安德特人，我们把尼安德特人干掉以后，他们的情节告一段落。我们在东南亚东奔西闯，那里空空荡荡，因为直立人都死光了，我们算是无意间溜达到了澳大利亚。这是一则干净利落的小故事，听起来严丝合缝。每个人对它都很满意。然后，忽然之间，霍比特人冒了出来。”[11]

2006年，《自然》杂志的一篇社论对梁布亚的挖掘工作因佛罗勒斯遗骸引发的争议而暂停表达了惋惜。“后来的霍比特人故事因发现它的科学家们的个性而变得更加精彩——对于这一发现的重要意义，他们中的一些人公开表达出与其他人相左的意见，而且方式常常疏于礼貌，更不用说学术挑战者们的激烈反驳了……他们认为将佛罗勒斯打造成独特物种是在创造虚构之物，像托尔金笔下的小说。大家都言辞激烈，涉嫌欺诈的指控声此起彼伏。而这刚好是记者的理想素材。”[12]

◎◎◎

要想更透彻地理解化石的演化历史，研究人员需要检查化石——如此说来，古人类学是一门依赖于获取的科学。获取藏品、获取测量数据、获取方法，当然还有获取人类化石本身。古人类学历史上，“获取”意味着什么，以及“获取”如何转化为“优质科研”——合作与控制的权衡——这个问题已经被多次提出和回答。

2004年，加札马达大学首席古生物学家特库·雅各布（Teuku Jacob）亲自带走了标本，并命人终止了梁布亚对研究人员的开放。他是印度尼西亚古人类学的主要力量，也是小头畸形论的支持者。名义上是为了制作注模，骨头从首都雅加达被转移到雅各布实验室所在的日惹市。化石被送回雅加达时——比约定时间晚了几个月——骨盆和下巴的损伤清晰可见。例如，下颌缺失了一颗门齿，还有几处断裂，因此下颌的重建与以前大不相同了。莫伍德和布朗称损坏是在注模过程中发生的；特库·雅各布则称，在他和他的实验室接手之前，骨头就已经遭到了损害。雅各布去世之后，梁布亚的挖掘工作才重新开始。但是对佛罗勒斯标本来说，获取的问题——对获取权的控制和在获取基础上对化石的解释——已经成为化石故事的诸多争议之一。

化石的管理以及谁可以或应该检查这些骨头的问题对古人类学的日常工作有着巨大影响。这样的发现应该如何管理？谁可以接触到化石？专家意见应具备怎样的权威性？关于标本的争议，很大一部分可以归结为对骨头的处理以及对标本的实际获取或不获取。

佛罗勒斯之前，按照布朗的说法，“人类古生物学的广义模式”已经开始“呈现可预测的趋势”。佛罗勒斯之后，正如莫伍德所说，“关于什么是人类的现存观念”遇到了“挑战”。[13]此外，几个研究小组和几个研究人员之间在遗骸是什么的问题上存在分歧。这些遗骸是新物种吗？还是来自更新世晚期的现代人，只不过带有病理异常？“这是迄今为止发现的最极端人类。”人类学家玛尔塔·米拉松·拉尔（Marta Mirazon Lahr）和罗伯特·富利（Robert Foley）认为，“那个年代的古人类改变了我们对晚期人类演化地理学、生物学和文化的理解。同样，一个身材和脑都很小的人属成员向我们对形态变异性和异速生长——生物体的大小和其任何部位的大小之间的关系——的理解提出了质疑。”[14]

许多研究人员发现自己其实是在自己研究议程的助力下陷入了困境，特别是马切伊·亨尼伯格（Maciej Henneberg）博士、罗伯特·埃克哈特（Robert B. Eckhardt）博士和约翰·斯科菲尔德（John Schofield）博士。他们出版了《霍比特人陷阱：新物种是如何发明的》一书，专门论证佛罗不是新物种，而只是现代人的一种病理变异。事实上，大多数人已经接受佛罗人是一个正常物种，而不是某种病态的反常现象，但这并不意味着争论结束。在该物种发现十周年之际，回顾、思考的文章和对佛罗重要性再次提起的好奇心对争议只起到了推波助澜的作用。“霍比特人物种”的坚定反对者——亨尼伯格和埃克哈特，以及他们的同事萨克达蓬·查瓦纳维斯（Sakdapong Chavanaves）和许靖华博士——认为LB1是一个患有唐氏综合征的个体，声称这一诊断可以解释佛罗勒斯的骨骼形态。但他们对佛罗病理诊断的坚持尚未在科学界引起更广泛的共鸣。文章发表后，质疑四起，冒犯之词你来我往。简而言之，社交媒体好生赚了一番流量。[15]

◎◎◎

作为对*Homo floresiensis*这个学名的补充，研究人员在寻找一个昵称，以便向公众和非专业人士介绍这一发现。发现正式公布于2004年，同年《指环王》系列的第三部《王者归来》荣获奥斯卡最佳影片奖，而化石也乘着霍比特人电影热潮的东风迅速声名鹊起。尽管曾有人试图改变这个女性标本的绰号，并改名为“佛罗”或者“佛罗勒斯的小女人”，但无论如何，“霍比特人”这个绰号一直地位稳固，很少有人对此感到奇怪。

罗伯茨博士讲述了寻找合适绰号的过程。“我们知道，必须想出一个用于宣传的名字。不能叫佛罗勒斯人，于是迈克说：‘我喜欢霍比特人。’我说：‘好吧，只要不会在托尔金遗产基金会那边惹出什么麻烦就行。’他们对使用他们注册过的商标的人脾气大着呢。迈克称呼LB1的方式就好像‘霍比特人’是它的名字，而不是身份，就好比它的名字是‘玛丽’。有一段时间，迈克试图说服彼得·布朗把它的学名定为*Homo hobbitus*，也就是‘霍比特人’。我想他仅仅因为迈克提出了这个建议，就把他当作了一个彻头彻尾的江湖骗子。”（在《新人类：印度尼西亚佛罗勒斯岛“霍比特人”的惊人发现和奇特故事》中，莫伍德在提到该标本时确实没有使用任何冠词，就像是把“霍比特人”用作了名字。）彼得·布朗补充说：“我和迈克不同意取绰号，因为那样就把它的重要意义削弱了，而且可能导致地球上所有的疯子在文章发表后立即给我打电话。这一点我想对了——奇怪的电话没完没了地打来，对方全是那些在自家后院看到小毛人的人。”[16]

但是从佛罗作为“霍比特人”的生活和身份中，有一种文化力量生发出来。虽然听起来很老套，但是把佛罗称为“霍比特人”的做法提醒着我们，科学并不是运行在文化真空当中。将佛罗投射到电影大片中的角色这样尽人皆知的事物上，相当于给了观众一本了解该化石物种的简易“指南”。将化石与众所周知的文学人物如此紧密地结合在一起，化石就轻而易举地进入了公众意识。化石也已经上升为印度尼西亚国家认同的一部分，含蓄地为该国提供了久远的历史叙事。但是，对于化石明星地位的确立，围绕着佛罗勒斯人的争议起到的作用超过了任何绰号。除了个人和相互竞争的机构之外，佛罗勒斯化石有机会成为国家建设的象征，类似于几十年前露西在埃塞俄比亚扮演的角色。它“对印度尼西亚社会而言非常重要”，挖掘现场的首席考古学家雷登·潘吉·苏约诺教授承认。[17]佛罗勒斯之于印度尼西亚这个年轻的民主国家，正如哈达之于埃塞俄比亚。佛罗是民族主义的文化艺术品及象征，扮演着类似于露西的角色。

人类学家格雷戈里·福斯（Gregory Forth）博士则认为，佛罗已经成功通过她在印度尼西亚的文化关系，而非仅仅作为一个文学主题，激发了深刻的共鸣，而这种文化关系是通过“伊布戈戈”（ebu gogo）的故事建立的。根据佛罗勒斯土著纳吉人的说法，伊布戈戈是生活在印度尼西亚森林深处的类人生物。福斯指出，由此说来，称化石为“霍比特人”不仅仅是简单的文学引用。“尤其是，人们认为——显然是为了与更多公众有效沟通——将佛罗勒斯人描绘成‘霍比特人’是恰当的（这一选择显然受到最近由托尔金小说改编的好莱坞电影的影响）。”2005年，该化石刚刚开始在科学界和公众认知中立足的时候，福斯提出了这样的观点。福斯还指出，佛罗勒斯人是人类学中一个奇怪的混合体——文化与生物学在佛罗勒斯的正中间狭路相逢，一如伊布戈戈这样的传说遇见了佛罗勒斯人这样的科学分类。不仅这个名字——不妨说是昵称——通过文学典故向我们展示了特定的文化套路，而且用来谈论“如何认识”这个物种的证据也反映了文化背景和假设。如何谈论这个物种，如何给它命名，表明了我们如何让科学发现立足于自己的文化中。

“更奇妙的是，”福斯继续说，“这个名称并不是大众媒体的创造，而是来自科学发现者们自己。这一身份认定无疑令这项古人类学发现显得无关紧要了，而与之紧密相关的是，佛罗勒斯成了类似柯南·道尔（Conan Doyle）笔下‘失落世界’那样的地方，曾经是矮象的居所，现在仍然是巨蜥和巨鼠（分别指 *Varanus komodoensis*——也就是科莫多龙——和佛罗勒斯特有的巨鼠*Papagomys armandvillei*)，甚至可能是矮人的家园。”[18]在文学套路中谈论演化是特别容易的，因为这些套路为演化现象提供了叙述性的解释。(这也是科幻小说喜欢写尼安德特人的原因之一。)而且，由于文学表达的是宏大的叙事和剧烈的冲突，霍比特人的故事及其带来的争论超越了生活，将我们身外的现象可视化。

佛罗勒斯人的头骨注模，摆放在洞穴前。(Science Source网站)

◎◎◎

我们把特定物质文化或者时效短暂纪念品的存在归因于某些著名的原始人类化石，另一方面又将其变成了我们的期待，而霍比特人物种还没有积累起来这样的物质文化或者纪念品。据我所知，没有人拿佛罗的形象制作T恤衫、磁贴、海报，或者小饰品，像对待露西、源泉种，甚至老人那样的尼安德特人一样。但是佛罗的重建作品，特别是约翰·古尔切的作品，确实在博物馆里过得有声有色。古尔切的佛罗勒斯人作品最初是为国家地理频道的电视节目制作的，现在在史密森尼博物馆的人类起源大厅里。作为大厅展览的一部分，在重建的露西和尼安德特人旁边，古尔切创作了一个青铜雕塑，定格了佛罗惊慌失措的时刻，她那脏辫似的头发在脸上飞舞，鼻孔外扩，手臂伸展——一个演化圣殇时刻，其感染力有赖于观众的意识推动：佛罗没有，或者不能，逃脱她正在抵挡的威胁。她的恐惧是“圣经式的”以及“古典式的”。

古尔切的第二件重建作品是一个彩色乳胶雕塑，几缕灰白的头发耷拉在佛罗的脸上，心事重重的眼神仿佛在留意整个展览中的每一位观众。这两件作品都强调了佛罗在演化进程中的脆弱性。在古尔切的一些早期草图中，佛罗用手抱头，闭着眼睛，或者双手举过头顶，仿佛要阻止她不可避免的灭亡。对于大多数重建和全景模型，创作者鼓励观众相信他们正在“看到”一个冻结时刻。但是，像南非迪宗博物馆的实景模型一样，时间切片带来的悲情是一种方便和必要的虚构，可以将观众带入场景中，让他们相信正在他们面前展开的叙事。

古尔切很好奇这种角色转换会产生什么样的效果，尤其是对霍比特人这样的人种。“有一些手法可以操弄现实主义，让它略微更进一步，”古尔切沉思道，“如果佛罗能看到我们，她的脸上应该出现什么样的表情？她会对我们这个人种有什么看法？”在为佛罗创作表情和情绪时，古尔奇借鉴了《国家地理》最经典的封面之一——绿眼珠阿富汗女孩的照片。照片中，她的表情体现着不安、不甘、害怕，甚至不信任。一生的艰难困苦凝聚在了她的眼神里。“这正是我为佛罗设想的表情，”古尔切回忆说，“我认为她的表情至少应该是带着不安的，也许差一点点就能称得上深切的焦躁。”[19]佛罗通过这些重构传达的故事，是关于严酷的演化必然性的移情叙事。

围绕这块化石的问题和争论一直在反复上演，以至于就如何解释和处理标本展开的争论已经成为家常便饭。争论只会让化石的名声更加响亮。

（2014年8月16日，《卫报》的头条标题触目惊心——《科学家为佛罗勒斯霍比特人化石开战》，算是佛罗勒斯的典型报道。）感觉总有人唯恐天下不乱，想挑起与化石有关的分歧。迪安·福尔克曾经回忆起《自然》杂志取消对佛罗勒斯人论文的媒体禁令，作者不再被禁止谈论这一化石发现的那一天，福尔克接到了《国家地理》杂志大卫·哈姆林（David Hamlin）的电话。"我一边继续跟他聊，一边用电脑打开了新闻网站，惊讶地看着霍比特人的报道一个接一个冒出来。"[20]关于这一发现的新闻具备其他明星化石不曾享有的即时性，这要归功于数字媒体，因为访问便利，所以信息唾手可得。（在佛罗勒斯人之前，没有任何其他化石能如此数字化病毒式传播。）文章引出更多文章，记者们翻遍互联网查找引文，博客如火如荼。这跟汤恩幼儿的公布，乃至与露西的发现相关的媒体发布比起来，简直是天壤之别。

彼得·布朗一开始对佛罗勒斯的发现及其相关推论有点怀疑，但后来是这样想的："现在我更愿意接受这样的观点，很早的时候，也许是三百万年前，或者更早，身体和脑都非常小的双足动物走出了非洲。我更愿意相信双足动物的演化过程中出现过很多失败者。有些成功了，有些没有。这是一棵枝繁叶茂的树，而我们只不过恰好活了下来。"[21]伯特·罗伯茨总结道："在我看来，霍比特人的最终价值不在于它本身，因为它只是一条死胡同。它可能并没有任何后代活到了今天。但是它为人们打开了一扇门，让人们更广泛地思考一切问题。我认为霍比特人改变了人们的思维方式。"[22]

"佛罗勒斯人向我们提出了挑战，因为她太出人意料，不符合许多关于人类演化和行为的方式，以及他们应该是什么样子的先入之见。如果放入当时的背景看，她其实正是我们所期望的。"2007年，莫伍德阐释他怎么看待这块化石成为一个意料之外、情理之中的难解之谜的原因时说，"有些人发现这种可能性不符合他们的胃口，并提出质疑，这反过来又在霍比特人的后发掘史中引发了一系列古怪的转折。"[23]

尽管到目前为止，佛罗这个霍比特人一般矮小的原始人类的生活是由争议定义的，但是考虑到这一发现相对较新，所以并不算令人惊讶。如果只看汤恩幼儿出土后前十年的生活，我们也会发现一块由争议定义的化石。直到几十年后——尤其是皮尔当骗局被揭穿后——汤恩幼儿才褪去了争议性，变得更加主流。在古人类学历史上，许多化石出名的速度都相当快——通常是由于一些容易引起争端的因素或者领域内的激烈争论——然后在几十年内，这些化石大放异彩，声名显赫。

佛罗成为明星化石，主要有两个原因。首先，她被争议包围，而这种争议促进了科学和大众对她的认可。其次，则有可能是她一直留在公众的视线中，确保她引起的反响不仅停留在科学争议的层面上。由于她的生物学特征和历史——矮小身材和发现时刻——与21世纪初的《指环王》银幕奇观完美吻合，进而产生了一种文化共鸣，使她拥有了比其他化石更加稳固的地位。佛罗勒斯人甚至进入了大受欢迎的电视剧集——在《吉尔莫女孩》第五季中有人提及这一发现；在《识骨寻踪》中，布伦南博士和她的研究生黛西·威克前往佛罗勒斯寻找更多的“霍比特人”标本。

如果有一个不同的演化故事——如果她不是那么小；如果她有更大的脑；如果她没有死得那么晚——和不同的文化背景——如果人们没有被托尔金小说改编成的电影迷得晕头转向；如果科学界没有那么大张旗鼓地纠缠于自己内部的纷争——佛罗的故事将完全是另一副模样。其他化石也曾有过争议，并因此而闻名，但仅仅争议并不能在化石发现后的几十年里为其创造或者维持明星身份。她并不符合传统的系统发育叙事和文化叙事。实质上，通过颠覆古人类明星化石的故事，她将演化史翻了个底朝天。对于像汤恩幼儿和老人这样的化石，流行文化花了几十年的时间追赶那个时期的科学发现。对佛罗来说，大众文化中有一个精雕细琢的现成模板——霍比特人——她与之贴合得那么严丝合缝。这种颠倒对未来的佛罗意味着什么，将在随后的几十年里解答。佛罗也许会像露西一样，成为博物馆和国家的标志，也许最终流落到偏远的历史之岛上，埋葬在文化的洞穴中，如果《指环王》在未来的几十年里无法对她继续提供足够的支持。

如果归根结底，争议便是定义她的全部，那么她在40年后也不会出名——她只是古人类学历史上的一个有趣的脚注。再给化石50年的时间，它的文化历史将比现在更丰富、更深刻，呈现出另外一副面貌。

第七章

源泉种：现代速成红人

南方古猿源泉种（卡拉波）的肖像。（照片由布雷特·埃洛夫拍摄。由威特沃特斯兰德大学李·伯杰提供；CC GFDL）

“爸爸，我发现了一块化石！”

2008年8月15日，九岁的马修·伯杰（Matthew Berger）跟随父亲——古人类学家李·伯杰（Lee Berger）博士，在南非北部的马拉帕自然保护区进行实地考察。该保护区位于约翰内斯堡以北约40公里处，该项目的目标是探索和绘制保护区内已知化石地点和洞穴。马修带着他的狗塔乌在保护区内闲逛时，发现一块深褐色角砾岩中露出一个物体，而他认出那是化石。乍一看，老伯杰以为它只是一块非常古老的羚羊碎骨——该地区一种司空见惯的化石。

他拿起含有化石的岩石块，更仔细地观察了一下，意识到他看到的是一根锁骨——原始人类的锁骨。他把石块翻过来，看到同一块角砾岩中还包裹着一个下颚。“我简直不敢相信，”伯杰博士在接受《纽约时报》采访时兴奋地回忆道，“我拿起石头，翻过来，从石头的背面伸出来的是一个下颚，带着一颗牙齿，一颗犬齿，就从那儿伸出来。我差点昏过去。怎么有这么巧的事？”[1]

◎◎◎

2010年4月，作为新的人类化石物种，马修和他父亲的团队在马拉帕的挖掘中发现的化石发表在《科学》杂志上，该物种被命名为*Australopithecus sediba*（南方古猿源泉种）。尽管古人类学界基本上一致认为这些化石确实非同寻常，但是在分类学方面，这个学名多少引发了一些争议，因为这些化石不仅表现出原始的、类猿的特征，还具有衍生的，或者说类似人类的特征。（许多研究人员认为，源泉种的解剖结构最好归于人属，而不是南方古猿属。）随着化石的发表，许多评论文章对化石的最佳分类地位展开了争论——从《科学》到《自然》到《国家地理》再到《纽约时报》。

且不论其分类学如何，到如今，马拉帕遗址无疑是一个重要的化石地区。那里一共出土了220多块骨头碎片，这些碎片放在一起，足以拼凑出六具骨骼：一个少年男性、一个成年女性、一个成年男性和三个婴儿。他们生活的年代大约在200万年至190万年前。2010年得到描述的时候，这个化石物种极其令人振奋——现在依然如此，这不仅因为源泉种生活在南方古猿和早期智人共同漫步在广袤非洲大地的年代，还因为这些化石来自多个个体，具有令人难以置信的考古学来源。这些化石代表了演化史上一个有趣的时期，构成了一个比单一个体更大的物种样本——这反过来又有助于古人类学家了解化石物种内部的多样性。

整个20世纪，对于古人类学作为新兴科学学科的身份认同，没有什么比欧洲、非洲和亚洲的人类化石发现起到更大的塑造作用。每个新发现本身就带有一定声望，因为当人们要针对化石记录中的观察结果提出假说和解释时，化石发现提供了基础——新的化石有可能创造或者打破物种的定义，每一项新发现都有可能重写谱系树。新化石在其最初的背景下又被赋予了社会声望——要么获得了重要的先祖地位，比如北京人；要么被否定了这种地位，比如汤恩幼儿。

上个世纪，随着越来越多的化石发现进入科学记录，化石收藏已经不像几十年前那样稀少了。（例如，到目前为止，化石记录中已经有超过四百个尼安德特人，而在19世纪，这个数量则非常少。）那么，这对21世纪的化石发现意味着什么？今天的著名化石会是什么样子？佛罗和佛罗勒斯人为我们提供了现代明星的一种类型——有争议的小霍比特人。源泉种的发现引发了另外的问题。其他化石的发现有可能或者将会遵循什么样的历史模式？它们究竟遵循了什么样的历史模式？21世纪的化石现在需要回答什么样的文化期望以及科学问题？

“南非的白云岩洞穴沉积物可以说产出了非洲古人类和哺乳动物演化方面最丰富的记录。早在20世纪初，就开始有人在这些沉积物中识别出化石，但是直到1924年，汤恩幼儿的头骨在布克斯顿石灰岩矿被发现，人们才开始认识到这些洞穴遗址的重要性。”伯杰在一份关于马拉帕地区化石和历史的指导手册中这样解释道。[2]马拉帕标本能够如此迅速地闯入古人类学界的关注视野，部分原因在于与马拉帕相关的无与伦比的古人类学历史——源泉种的成功在很大程度上取决于这些化石所享有的南非历史遗赠。

不过源泉种的名声还要归因于化石在正确的时间出现在正确的地点，并且有一个人支持它，同时它还推动了古人类学收集数据和产生假设的典型模式的改变。如果历史能够给我们什么启示的话，那便是化石的生命和后世都是由它的背景决定的，其持久名声的形成需要几十年的时间。虽然源泉种最初的生活史肯定会使它成为下一个大事件，但是我们并不能就此认定，再过一个世纪，它仍然会享有今天这样的殊荣。

◎◎◎

对于人类演化研究来说，2010年是一个伟大的年份：两个重要的原始人类新发现进入科学记录。新化石都是南方古猿属的成员，大约有200万年历史。尽管两者都对扩展我们对原始人类演化史的理解具有重要意义，但是它们在被发现后却有着非常不同的生活。乍看之下，两者很相似，但实际上它们截然不同。一个来自南非，另一个来自埃塞俄比亚；一个发表在《美国国家科学院院刊》上，另一个发表在《科学》上；一个是和露西一样的南方古猿阿法种，另一个是新物种——南方古猿源泉种；一个是部分完整的单人骨架，另一个则是多个个体；一个是由国际研究小组的资深成员在常规野外考察中发现的，另一个是由一个九岁的男孩和他的狗发现的；一个名叫Kadanuumuu（阿法语，意思是“大个子”），作为公众相当陌生的原始人类标本，一直在科学杂志上乏人问津，而另一个，源泉种，则在国际上获得了广泛赞誉。两者对古人类学领域都有着毋庸置疑的重大意义，但是正如它们有着各自独立的演化轨迹，它们的文化生活也完全不是一码事。

但是为什么？是什么让这块化石出名而不是那一块？为什么一个吸引了公众和科学界的注意，而另一个则没有？

若要长话短说，答案就很简单了：背景。这些化石不仅来自不同的地质背景——“大个子”来自东非大裂谷，源泉种来自南非北部的石灰岩洞穴，而且对我们来说更重要的是，这两组化石分别继承了它们各自的科学史背景、各自的研究传统，以及各自的区域历史——也就是将化石发现写入人类演化故事的方式。对于化石将得到怎样的研究、怎样获得不朽的地位，这些差异可谓影响深远。

当然，长一些的答案就比较复杂了。就像许多著名的化石——皮尔当、北京人、露西——一样，科学意义当然是成名的一个原因，但并不是唯一的原因。古人类学这门学科以发现为标志，以其发现的化石为基础。当新的发现充斥着媒体头条和社交网络，化石便抓住了科学和公众的想象力。两块化石的发现在文化上形成了完美的相互映衬关系——它们都是最近的发现，因此初始条件很容易被对照和对比。从相同的起点——同年被公布——它们讲述了两个不同的故事，为观众提供了用于设想21世纪化石将如何进入科学和社会圈子的假想场景。

在最基本的层面上，大个子——研究团队的亲切称呼——是一副部分完整的骨骼，属于南方古猿阿法种，现场目录编号为KSD-VP-1/1，时间为350万年前。该骨骼化石第一件被发现的组成部分是尺骨的近端部分，也就是前臂构成肘关节的部位，是在2005年2月10日被国际古人类学家团队的资深成员阿托·阿勒玛耶胡·阿斯法发现的。除了尺骨，大个子的其他骨骼材料在最初发现五年后发表在《美国国家科学院院刊》上，这是一份备受尊崇的顶级科学出版物。这篇文章的作者们构成了一个国际团队，成员分别来自克利夫兰自然历史博物馆、肯特州立大学、凯斯西储大学、亚的斯亚贝巴大学和伯克利地质年代学中心。

作者们在文中指出，这块化石是“非同寻常的”，因为这一发现扩充了关于南方古猿阿法种的知识库。最重要的是，它提供了关于该物种如何行走的信息。在被发现后的几十年里，露西到底具备怎样的两足行走能力，引起了人们的广泛讨论。当然，她可以用两条腿直立行走，但是她到底有多长时间可以这么做，行走效率如何，在多大程度上像我们，通过骨骼元素的恢复，大个子能够完善和回答关于阿法种如何活动的问题。

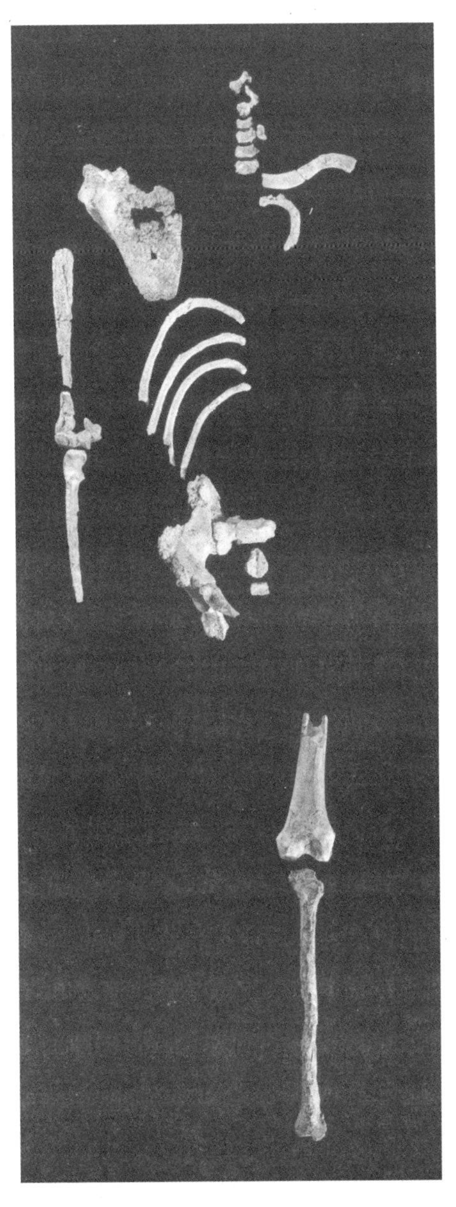

南方古猿阿法种“大个子”的画像，2010年出版。（尤哈尼斯·海尔-塞拉西和克利夫兰自然历史博物馆。经许可使用）

大个子也有一个完整的肩胛骨——肩膀的一部分——这意味着科学家们可以研究南方古猿阿法种是否以及如何在树上移动，还有它如何移动肩膀。在接受《自然》杂志采访时，科学家们解释了他们为什么认为这一新信息很重要。“这副新骨架展现了一个完全具备双足奔跑和行走能力的动物，它具备了我们所拥有的大部分适应性状。”团队成员、肯特州立大学古人类学家欧文·洛夫乔伊（Owen Lovejoy）博士说。“我们在新骨架的骨盆中看到的特征就存在于现代人身上。”文章的主要作者、克利夫兰自然历史博物馆的尤哈尼斯·海尔-塞拉西（Yohannes Haile-Selassie）博士补充道。科学作家雷克斯·道尔顿这样描述这一发现：“一具最近得到报道的不完整骨架表明，因埃塞俄比亚的‘露西’化石而闻名的原始人种可以像今天的时装模特一样行走在T台上。”[3]

即使在最早介绍大个子的文献中，他也生活在露西的阴影下。研究小组在文章摘要的第二句话中便直接提到了露西，而文中大个子的照片是对露西标志性肖像的经典致敬——黑色背景下，骨骼以解剖学位置摆放。大个子的“官方肖像”不仅暗中借用了露西，还巧妙地凸显了骨骼之间的差异。露西除了长骨之外，还有一些头骨碎片和下巴，因此观者很容易凭想象填补缺失的部分，或者至少领悟她曾经是怎样的一个生物。大个子则像无头骑士一样，没有颅骨，只有一条腿。换句话说，有了某些骨骼元素，比如头骨，人们就更容易将特定化石标本拟人化。越是容易拟人化，就越容易创造出人们会认同的角色。[4]

即使在新闻发布会上，对大个子的官方描述也很大程度上依赖于观众对露西的熟悉程度。“这具新骨架来自埃塞俄比亚阿法中部的裂谷，在亚的斯亚贝巴东北约330公里处。”道尔顿指出，“在2005年发现的……在发现露西的哈达以北走了很久……这具骨架估计有两米高。露西的身高略超过一米。”[5] 2010年《国家地理》杂志上发表了一篇题为《‘露西’的亲属推迟了直立行走的演化》的短文，提供了大个子的形态和骨骼方面的类似信息，但是对该化石的定义仍然是在与露西的比较中进行的。2015年的一项研究考察了性双态的问题——同属南方古猿阿法种的雄性和雌性之间的生理差异——再次将大个子与露西并列。鉴于露西的重要性，这也是意料之中的事，但是真正令大个子黯然失色的是该研究对露西的强调。她的名字在研究报告的标题中排在第一位，其重要性超过了另一个较新的、得到研究较少的化石。[6]大个子化石丰富了我们对一个化石物种思考方式的细节——尤其是如何思考种间变异和南方古猿阿法种运动的细微差别。但是，不管怎么强调化石的两足行走特征，在文化角度上，大个子总是很难用自己的双脚站立。

为什么呢？因为大个子属于半完整的南方古猿阿法种，它的起源故事仅仅被限制在古人类学中。关于这块化石，它的发现、它的科学价值或它的博物馆生活，并没有任何东西能真正跳出来吸引观众的注意力——没有任何东西能修正人类的演化谱系树或者激发全新的科学探索。大个子并不代表新物种或者新原型，不代表古人类学的一系列新问题，也没有凸显真正的新方法论。

大个子是一块化石——与图尔卡纳男孩或普莱斯夫人一样，也许会让大众产生一些认同感，但是这种认同感很快就会消失。（普莱斯夫人是罗伯特·布鲁姆于1947年在汤恩附近的斯泰克方丹发现的南方古猿非洲种，为汤恩幼儿提供了证据支持。图尔卡纳男孩是理查德·利基在肯尼亚的图尔卡纳湖附近发现的匠人标本。二者都是古人类学史上的重要发现，但是根本没能爬升到其他化石所在的明星地层。）和普莱斯夫人一样，大个子是其他明星化石的“绿叶”。万一露西的光辉暗淡下去这一小概率事件发生了，大个子就在那里，准备着提供它力所能及的一点魅力。大个子是作为露西的一个次要角色而存在——南方古猿阿法种的配角之一，她的替补演员。就好像大个子是一个你在电视上看着眼熟的小角色，但是需要在维基百科上点击三次才能想起来自己为什么认识这个演员。在露西的阴影下，要成为明星化石是很难的。值得指出的是，并不是所有的研究人员都希望化石成名。即便没有凭借机遇或者选择进入大众的想象，化石也仍有可能——而且确实产生过体面的、值得尊重的、有意义的科学。

◎◎◎

源泉种是一种不同的化石，他的社会名人故事与大个子的完全不同。首先，源泉种和大个子之间的巨大差异之一是名字——无论在文化上还是科学上。南方古猿源泉种违背了著名化石通过流行绰号而为人们熟知的趋势。虽然大多数著名的发现在很大程度上依赖于绰号的文化持久力——露西、汤恩幼儿、霍比特人——但拥有一个强有力的绰号绝不是成为明星的必要步骤。（其他化石——皮尔当人、北京人——的名字当然只是化石的非正式简称。步达生甚至建议将周口店出土的第一个原始人类称为“奈莉”，以对抗他心目中明显的性别歧视——将特定的原始人类发现命名为男性。）

不过，这并不是因为没有尝试过寻求一个可爱的名字，因为绰号有助于化石与公众形成更紧密的联系。

2010年，就在这一发现正式公布之后，威特沃特斯兰德大学在一份新闻稿中提出了绰号的问题，并建议给该化石取个绰号。“研究人员仍在继续探索这个遗址，毫无疑问，还会有更多的突破性发现。”文章写道，“为了庆祝这一发现，我们邀请南非的孩子们为这具少年的骨架起一个普通的名字。”[7]这具骨架，即MH1类型标本，最终被约翰内斯堡的17岁学生昂佩美兹·基派尔（Omphemetse Keepile）命名为“卡拉波”（Karabo，茨瓦纳语，“答案”之意）。在《岩石中的头骨：一个科学家、一个男孩和谷歌地球如何打开人类起源的新窗口》——一本由李·伯杰和马克·阿隆森（Marc Aronson）编写、《国家地理》出版的儿童读物——中，源泉种骨架被称为卡拉波，但是这个名字从未用作化石的拟人形象或者简称，或许说明这个昵称似乎并没有引起人们的注意。化石还是被俗称为源泉种。

当然，源泉种（*Sediba*）是化石的分类学名称“*Australopithecus sediba*”的简称。另外人们也用目录号——MH1和MH2——称呼它们，或者统称为马拉帕人。*Sediba*这个词来自南非的索托语，这契合了21世纪古人类学将化石名称与当地语言相联系的新兴传统。“在南非11种官方语言之一的索托语中，*Sediba*意为天然的泉水、喷泉或者井泉。我们认为，对一个说不定是人属发端的物种来说，这是一个合适的名称。”伯杰认为，“我相信它很有可能是非洲南部的猿人南方古猿非洲种（如汤恩幼儿和普莱斯夫人）和能人之间，甚至也许是南方古猿非洲种和直立人的直系祖先（如图尔卡纳男孩、爪哇人或者北京人）之间的过渡性物种。”[8]通过将名字和发现地区联系起来，源泉种把其学名*Australopithecus sediba*暗示出的地理、分类学和演化论的叙事稳固地结合在了一起。

不可否认，这些化石对古人类学来说是新东西，但是如果考虑到地质来源，这一发现也许并不完全出乎意料。马拉帕洞穴遗址是南非北部一个名为“人类摇篮”的地区的一部分，该地区于1999年12月被指定为联合国教科文组织世界遗产。人类摇篮是一个大型石灰岩洞穴地质群的一部分，面积约为7000公顷，或180平方英里。近一百年来，人类摇篮源源不断出土的新化石和新物种激起了古人类学的好奇心，并为梳理和拼凑演化叙事提供了独特的可能性。

“南非的洞穴遗址，从超过11个不同洞穴沉积物中，出土了1000多件经过编目的原始人类标本……至少4个甚至更多的早期原始人类物种是在南非洞穴遗址中发现的。”李·伯杰在他的《在人类摇篮工作和导引》中指出。不过，由于东非和南非的地质条件大不相同，它们有着不一样的化石发现模式，并为人类演化故事中的不同时间段和地理位置提供了证据。“尽管南非的人类化石远远不如东非最古老的人类遗址那么古老（东非的人类化石——比如露西——可能可以追溯到六百多万年前，而南非的化石年龄可能都小于三百万年），但南非的样本很重要，因为它们总是更完整，而且同期发现的脊椎动物范围更广。因此，关于它们生活的时期，我们能获取更多信息。”[9]

马拉帕标本与其他化石不同的一点是，从发现到发表的时间很快。大个子发表于发现后的第五年，这个时间已然很了不起，而南方古猿源泉种则是在化石发现后两年内就已经公布于众。最早的报道于2010年出现在《科学》杂志上，题为《*Australopithecus sediba*：来自南非的类人猿新物种》，而对于接下来五年里伯杰和他的团队马拉松式的文章发表，这不过是一次热身而已。仅在2011年，源泉种团队就在《科学》特刊上发表了五篇关于该化石的深度分析文章，每篇都涉及不同的解剖学元素（骨盆、踝关节等），还有一篇介绍的是为该化石确定地质年代的过程。

人们被这个物种迷住了——甚至包括那些贬抑它和否定它的人。作为一个化石物种，源泉种呈现出有趣的解剖学特征。它有长长的手臂、短而有力的手、较为成熟的骨盆和长腿。这些解剖学特征的组合使它能够像人类一样跨步，甚至跑步。源泉种也有可能会攀爬。“据估计，他们身高都在1.27米左右，不过孩子原本可以继续长高。雌性可能重约33千克，孩子死亡时重约27千克。”伯杰补充道，“孩童的脑容量在420~450立方厘米之间，是比较小的（人脑约1200~1600立方厘米），但脑的形状似乎比南方古猿的更先进。”[10]

“这些化石和其他许多化石都是古人类学里程碑式的发现，填补了科学家对人类起源理解的关键空白。它们都是极其重要的。然而，哪怕在这群精英中，南方古猿源泉种化石仍然脱颖而出，因为它们所包含信息的量和质都很高。”科学作家黄凯特（Kate Wong）在《科学美国人》杂志上说，“马拉帕的发现几乎满足了古人类学家愿望清单上的所有条目。保存多种骨骼元素？满足。多个共生个体的遗骸（对了解物种内部变异非常重要）？满足。化石处于近乎原始的状态，从而消除了碎片组合方式的不确定性？地质环境允许对化石进行精确测定？相关植物和动物遗骸？满足，满足，满足。”[11]

黄的非正式清单提供了几个要点，让人们开始理解为什么源泉种文化上走上了通往著名化石的快车道。然而，仅仅标记出解剖学特征和成功的考古学背景本身并不足以产生著名化石。著名化石不仅仅是其骨骼元素的总和，也不仅仅是其背景的意义。成功的明星化石需要在科学界之外获得关注，并保持文化形象。露西是第一个进入古人类学记录的基本完整的骨架，但将她推向文化背景并赋予她公众角色的是她的骨架被使用、观看、研究和书写的方式。源泉种得益于在正确的时间成为正确的化石，拥有正确的发现故事和一位支持它的科学家。它故事的某些元素与汤恩幼儿的发现有历史渊源，而且受益于一个以足够精明利用这段历史的团队。

在许多方面，与马拉帕组合相关的开放性、公共性使源泉种成为一种非常容易获得的化石——无论在科学界内部还是外部。马拉帕的标本是很容易探讨的，因为人们通过出版物、图像、扫描和注模很容易获得它们。“许多对古生物研究的评论最后都说，研究者非常期望能够找到更多化石。然而，就这一点而言，马拉帕团队已经做到了。”古人类学家弗雷德·斯普尔（Fred Spoor）认为，“如何解释他们的发现，也许值得争论一番，但他们无疑为人类化石记录增加了一个令人惊叹、引人思考的样本，这一成就对人类演化的所有复杂性研究做出了重大贡献。”[12]

古人类学中，化石使用权的问题被反复提出。“这些化石归南非人民所有，并由约翰内斯堡的威特沃特斯兰德大学策划。”源泉种最初的新闻稿写道，“它们将在人类摇篮玛洛彭公开展出至2010年4月18日，然后4月19日将被移至开普敦，配合古生物科学周的启动，并将于5月再次在威特沃特斯兰德大学起源中心公开展出，具体日期将很快公布。”[13]化石不仅在发表后立即展出，而且其注模也在博物馆、大众和科学界中传播开来。

伯杰对透明度和可获得性的承诺不仅仅停留在展示化石或者注模的层面。当马拉帕化石从角砾岩中被挖掘出来时，伯杰迅速指出，他希望将整个挖掘过程上传网络，让非专业人士也能与科学家互动。在2012年接受《国家地理》杂志采访时，伯杰对化石社会生活的热情极富感染力：“我们揭开这一发现时，全世界都能观看并现场互动。还有一种可能是，我们将（在岩石中）发现两个交缠在一起的身体。这个项目的部分乐趣在于，只要我们有所发现，世界就会和我们一起发现。”[14]

◎◎◎

自从发表以来，由于伯杰和他的团队所做的推广工作，化石变得非常容易接近。源泉种的图片充斥着互联网，化石随处可见，从科学出版物到博物馆展览，再到维基百科页面——照片、正式头像和现场直击照片，全都在讲述一个非常直观的源泉种故事，特别是马拉帕发现本身的照片，照片上的化石还在角砾岩基质中，小马修·伯杰正在展示它。从马拉帕遗址的维基百科页面到《自然》杂志的文章，再到开普敦伊兹科博物馆的展览，这张照片遍布每个角落。

源泉种的形象，通过照片、注模或者重建，被纳入各种公共场景。由于马拉帕标本与人类摇篮有着千丝万缕的联系，它们在人类摇篮的游客中心占据着重要位置。

马拉帕自然保护区，马修·伯杰和仍在基岩中的源泉种化石。（李·伯杰；CC-BY-SA-3.0）

作为联合国教科文组织的世界遗产，人类摇篮在南非被大力宣传为古人类学主题旅游目的地。它的主要游客中心是玛洛彭，由时任总统的塔博·姆贝基（Thabo Mbeki）于2005年12月7日主持开放。在人类学方面，玛洛彭为游客提供了一个探索该地区化石和人类整体演化的机会。在建筑形式方面，该建筑被草覆盖着，像巨大的地精屋一样矗立在荒凉的南非地貌中。对古生物探险家们来说，玛洛彭中心提供了一场穿行于“时间隧道”之中的游船之旅，游客可以舒适地从白垩纪漂流到更新世，途经翼龙叫声此起彼伏的地貌，最终穿行在更新世的火山和浮冰周围。迪士尼风格的游船之旅在人类起源厅结束，该厅展示了世界各地的原始人类。所有“超级巨星”化石，从露西到汤恩到尼安德特人再到马拉帕化石，都有自己的位置。在玛洛彭和人类摇篮的其他博物馆，源泉种成功从严格意义上的科学物品变成了旅游纪念品——3D打印的小型源泉种头骨在礼品店作为项链和钥匙圈出售。要了解源泉种很容易，因为源泉种就在那里，随时可以通过模型、照片、旅游饰品和博物馆展品来了解。

即使在更正式的科学场合，源泉种的形象也比其他化石的更具统治力。以《科学》杂志的封面为例。凭借其整版图片和专业排版，该杂志的封面传达出知识的严肃性和科学的合理性，而且几十年来一直如此。自从1959年《科学》杂志将一张图片作为其封面的一部分以来，该杂志已经推出过大量图片，从样本切片和气象现象到花粉孢子和技术仪器。自2010年以来，源泉种已经三次成为《科学》的封面，这是任何科学发现都不曾在如此短的时间内实现的壮举。事实上，在该杂志的出版历史上，任何其他化石都无法与之相提并论。

五十多年来，只有九张封面报道了人类化石。第一张化石封面出现得很晚：1998年6月的封面展示了Stw505——一个成年南方古猿非洲种脑容量的二维和三维彩色计算机成像插图；1999年8月的封面展示了一具不完整骨骼（赤道古猿）的前肢骨和下巴，是来自肯尼亚科普萨拉曼遗址的一个非常古老的标本；2001年3月2日的封面展示了格鲁吉亚德马尼斯出土的170万年前的男性和女性原始人类；最近发现的*Ardipithecus ramidus*（拉密达地猿）化石，绰号“阿地”（Ardi），在2009年10月和12月连续两次登上了封面。

南方古猿源泉种则打破了《科学》杂志的历史记录，分别在2010年4月9日、2011年9月9日和2013年4月12日三次登上封面，每张封面都展示了不同姿势：一张是头骨，一张是手部，最后一张是完全重建的骨架，左手微微伸出，简直像在邀请读者加入他的行列。（迄今为止，与古生物学有关的封面中，最新的是在2013年10月18日，一张来自德马尼斯的完整成人头骨照片。该头骨有177万年历史，被认定为早期智人。）这些封面都表达了化石发现的重要性。在威特沃特斯兰德大学演化研究所的大厅里，源泉种的《科学》杂志封面放大版被挂在像框中，仿佛某个事务所自豪地展示其成功模特的头像。

◎◎◎

有一年夏天，我有机会在威特沃特斯兰德大学亲眼见到源泉种化石。当时我从大学的档案楼徒步穿过校园，来到位于古科学中心的演化研究所。李·伯杰博士花了一个上午的时间，兴高采烈地谈论马拉帕项目、人类摇篮的古人类学研究历史，以及诸多明星化石的性质。实验室本身就是用作研究各种化石的——不仅仅是源泉种；一条条长凳为研究人员提供了空间，用来检查化石，包括注模和真实化石；电脑连接的显示器上，屏幕保护程序在处理着数据；学生和博士后交流着他们不同的研究项目。那个六月的早晨，嘈嘈切切的交谈和劳作声音充满了阳光明媚的实验室。看到马拉帕化石，就不可能不得出这样的结论：他们正在享受着在古人类学界得来的地位。

一个巨大的化石保存柜矗立在实验室的一端。当伯杰熟练地输入开锁密码时，他说他看到了南非为古人类学重大问题做出贡献的惊人而尚待开发的潜力。（他在这一点上的坚持是有道理的。2013年10月，他和一个研究小组开始挖掘新星洞穴，发现了1200多块人骨碎片；随后在2014年4月的挖掘中发现了1724块人骨碎片。2015年9月，最初的出版物将这些原始人类描述为一个新物种：*Homo naledi*，中文多译作“纳莱迪人”。）[15]在我访问威特沃特斯兰德实验室期间，伯杰拿出了放置马拉帕化石的箱子，把它们放在实验室的一张桌子上。他的一位同事斯蒂芬·丘吉尔（Steven Churchill）博士走过来加入了我们。伯杰打开箱子，我们俯视着这些著名的源泉种标本。大骨头、小骨头甚至还有一些微小的碎骨。每块化石都被小心翼翼地安置在各自的泡沫夹层中，每个夹层都标有标本的目录编号。

角落里还有一台大型扫描仪，伯杰介绍了团队如何使用该机器扫描从马拉帕粗略挖掘出来的化石基质的各个部分。由于从马拉帕挖掘出来的都是大块方解石角砾岩，里面含有化石，所以从岩石中更加细致地提取化石的工作要在实验室进行。在扫描仪的帮助下，科学家们能够在切割角砾岩之前了解其内部情况，有助于更好地保存化石。

伯杰一一介绍了每个骨骼元素，重点探讨了不同的解剖学特征，并将它们与其他原始人类进行比较，丘吉尔偶尔会插话或者提供意见。（伯杰开玩笑地问我，作为历史学家，我能否预测化石有没有可能或者会不会成名。）从他的讨论中可以明显听出，他完全致力于将化石用于研究，无论是通过原化石还是注模。对新化石的热情——特别是因为它们代表了新物种的发现——是可想而知的。但更深刻的感觉是，这个项目是别开生面的，因为围绕化石展开的科研活动多少有些不同寻常。或至少，与化石相关的科学研究正以不同方式进行。

古人类学在其相当长的一段历史中，一直是由珍稀的少数化石和基于这些化石的可获得性隐含知识等级所支配的领域。控制谁能看什么化石以及什么时候看，是控制该领域的科学和社会叙事的一种手段。在非常广泛的范围内，关于人类演化的知识是由对化石的研究创造的——测量、比较、统计分析。有鉴于此，谁控制了化石，谁就控制了这个领域的知识生产。这意味着控制者可以拒绝乖张者的接近，也可以防止听到不同的意见。双向的接触受到了阻隔。

伯杰和他的团队对化石可获得性的问题感到厌倦甚至厌恶，他们发誓不会让这种情况发生在源泉种标本身上。“伯杰及其合作者们研究这些发现并传播他们所学的方式，与古人类学调查经常采用的隐蔽方式截然不同。”黄凯特认为，“伯杰组建了庞大的专家团队来研究这些遗骸，并开放了这个项目，允许任何要求查看原始化石的古人类学家使用。他还向世界各地的研究机构发出了几十份复制品，并定期将骨骼的注模——甚至包括他的团队尚未正式描述的骨骼——带到专业会议上与其他研究人员分享。这样可以提高项目的科学质量，并可能激励其他团队更积极地提供自己的数据。”[16]

人们对这种“变化”及其对该领域的意义感到兴奋不已。但是，对源泉种化石的热切期待产生了一个问题：古人类学这样的科学领域的变化是什么样子的，如何理解这种变化，以及面对科学知识产生方式的变化，我们期待什么样的结果才是合理的。因为这才是源泉种化石真正的关键所在——对一旦获得了化石的使用权，知识就必须自上而下产生的范式的挑战。

在科学史和科学哲学中，科学中的变化问题当然已经得到过充分的探讨和研究。当我们在更大的尺度上审视科学变化时，会发现正如科学史家托马斯·库恩（Thomas Kuhn）所说，基于大概念的变化是作为科学革命和范式转变的一部分发生的。其他科学哲学家和科学史学家，特别是在库恩之后的几十年里，认为变化是随着时间的推移，以叠加的方式缓慢发生的——新的想法和方法几乎是以演化的方式传播，研究可以理解为一系列的研究问题，而每个问题都是按照其对该领域的意义或者重要性来依序解决的。

21世纪上半叶，古人类学呈现出其学科内巨大变化的所有标志，而这些变化体现在新发现的原始人类的研究方式上。像汤恩幼儿展现了古人类学理论的历史转变一样，马拉帕遗址——及随后的“新星探险”——发掘的化石可以帮助我们考察该学科方法论中新的知识趋势，比如以更多人可以接触到的方式发布化石，或者公布化石本身的三维扫描图，邀请包括非专家在内的其他人参与到科学创造过程中。

事实上，源泉种化石体现了古人类学一个非常明显的变化，即倾向于创造知识但不一定研究新问题。它们代表了科学的变化，这得益于研究化石的工具，而不是宏大的理念。一些人，比如库恩，认为新的宏大理念是科学变革的主要驱动力，而另一些人则认为，新的工具和方法论才是世纪之交的变革更恰当的驱动力。这无疑是源泉种代表的科学变革，即古人类学知识产生自新的方法论（比如新的注模技术或者三维扫描和打印），产生自化石获取的新手段，比如及时的出版和方便、开放的化石获取，这些都凸显了源泉种和大个子之间的差异。

马拉帕和“摇篮”其他地方的发掘项目似乎是在仿效其他“大科学”的知识创造过程。在其他科学中，如生物化学和物理学，发现不能由一个人或一个研究机构完成，因为数据集太庞大，实验太复杂。在古人类学中，最近的变化包括扩大了对化石的获取，数据的可及性，方法的透明性，注模和三维打印技术及其传播，及时公布，以及公众参与。这些新特点似乎构成了对该学科重新考虑如何"搞科学"的广泛呼吁。例如，"新星探险"便是马拉帕和源泉种的成功所带来的古生物学名利的直接产物。我们看到，通过提供接触化石的机会，吸取利用各种专业知识，并向非专业人士（通过博客和社交媒体）提供科学工作过程的透明度和可及性，人们希望能够从更广泛的科学家群体中创造知识。研究人员的希望是让更多人参与到科学知识的创造过程中，并让这个过程更加透明。

◎◎◎

源泉种是一个奇怪的明星化石，部分原因是它的故事如此之新，因此还在发展之中。如果通过比较和对比来构建源泉种化石——特别是与大个子相比，我们很容易看出化石公共和科学生活的初始条件发挥了重要作用。但是，化石最有趣的一点——也许是它的部分诱人之处——是使其出名的几乎每个元素都可以在源泉种找到，即便它被发现后的生命还相对较短。

有趣的是，两位主要作者——尤哈尼斯·海尔-塞拉西和李·伯杰——都利用他们发表于2010年的化石发现带来的影响力展开了更多发掘。2015年5月的文章描述了一个全新的南方古猿物种——*Australopithecus deyiremeda*（中文一般译作"南方古猿近亲种"），海尔-塞拉西是主要作者。伯杰则是2013年"新星探险"的负责人，该探险队在离马拉帕不远的另一个洞穴开展挖掘。[17]仿佛2010年的情景在2015年重现：一个发现很有名——"纳莱迪人"的新闻及其化石之旅已经充斥着科学媒体——另一个则不尽然。这种对比突出了一个问题：不同类型的发现在多大程度上因其故事和周围环境而闻名。伯杰和他的团队是否只是成功地利用了社交媒体——在推特上直播发掘，并精心维护内容翔实的维基百科页面——而其他发现却没有做到这一点？或者说，化石是通过其背景中的意外之喜而更加出名？

在科学界，源泉种被解释为人属的潜在祖先。该物种的形态同时具备类猿和类人的特征，这让人想起历史上的许多系统发生学争议——汤恩、露西甚至拉沙佩勒的老人。源泉种也能够援引明星化石的这些其他叙事和其他方面。就像把汤恩幼儿、拉沙佩勒老人、北京人和露西生活中最好的部分提炼出来，凝成一套标本。（唯一没有与源泉种联系起来的著名化石故事是皮尔当，不用说，没有联系也罢。）古人类学的历史上已经有那么多类型的著名化石发现，在谈论新发现时，很容易将其与旧发现相提并论。"（伯杰）在南非的研究表明，当你与政府合作，开放对某些东西的访问权时，对国家有巨大的好处，"古人类学家约翰·豪克斯（John Hawks）博士指出，"南非因源泉种而得到的关注是露西之后任何其他国家没有的，这样的积极关注是很难得的。"[18]

像源泉种这样的化石拥有所有"正确"元素，可以推动它继续沿着通往明星化石的轨迹走下去。一方面，源泉种对古人类学的贡献是显而易见的——作为人类谱系中处于复杂演化时期的新化石物种，它完全可以供无数研究人员研究几十年。另一方面，在更微妙的层面上，源泉种也很好地挑战了社会世界观，挑战了作为古人类学这一学科基础对科学的机械"运作"。黄凯特指出："这个策略已经初见成效。研究人员纷至沓来，涌入南非查看遗骸，伯杰的研究团队成员已经发展到80多名，在把骸骨从地下挖出来之后的短短几年内，该团队已经发表了一系列备受瞩目的科学论文，还有更多论文正在准备中。"[19]

源泉种的故事还在继续展开，就像佛罗和其他非常近期的发现一样。但是源泉种的故事还提出了很多关于科学知识创造过程的问题，这是其他化石没有做到的。很明显，源泉种在文化方面有很大的优势。未来一百年将决定源泉种能呈现什么样的明星特质，这是个未完待续的故事。不过，至于马拉帕化石，其明星地位似乎已经近在眼前。

后记

命运啊！一点运气，一点技巧

1929年，作家兼哲学家安·兰德（Ayn Rand）在从苏联移民到美国的三年后，在雷电华电影公司的服装部门做了一名办公室小工。还要再过14年，她才会出版《源泉》,《阿特拉斯耸耸肩》更是28年之后的事情。1929年，她只是个有抱负的小说家，写短篇小说，为付房租而在工作室打卡上班。尽管兰德厌恶她在雷电华服装部的工作，但是好莱坞的炒作和浮夸为她的短篇小说《她的第二职业》提供了素材，小说的主人公是一个虚构的电影明星克莱尔·纳什（Claire Nash）。

在外人看来，克莱尔·纳什拥有成功好莱坞电影事业的所有配备：比弗利山庄的豪奢大宅、两辆劳斯莱斯，以及成千上万的影迷对她"甜美少女"银幕形象的无尽崇拜。（"五个男人尝试过为她自杀——其中一个成功了——还有一种早餐麦片以她的名字命名。"）[1]纳什是公认的好莱坞最出色的女演员，她的成就是每个心怀抱负的新演员的目标和艳羡对象。

温斯顿·艾尔斯（Winston Ayers），安·兰德在故事中虚构的剧作家，针对纳什的成功和名气，她提出了不同的见解。"你得知道（银幕上的女演员）并不是一千个里面挑一个，而是一千个里面出一个罢了，具体出哪一个其实要看运气。成千上万的女孩为能在电影界占有一席之地而奋斗着。有些人和你一样漂亮，有些人比你还漂亮。所有的人都能像你一样演戏。她们有权利出名、做大明星吗？她们本该有和你一样的权利，不多不少。"艾尔斯接着挑战纳什，"你已经成就了一番事业。我不问你是如何做到的。你有名气，是个大人物，受人崇拜。人们认为你是世界上的天才之一。但你不可能干出第二个事业来。"[2]艾尔斯怂恿她再次尝试——尝试第二次成名。纳什同意尝试另一份事业，证明她可以再次取得已经拥有的成就，而且轻而易举，仅靠她的天赋和个性的力量。

但是很显然，她做不到了。纳什发现她很难在好莱坞重新开始，无法在第二次事业中以任何方式获得第一次的名气和财富。

◎◎◎

著名化石成为明星化石的故事有点像兰德笔下的克莱尔·纳什。这七个化石的故事很大程度上说明了名声的脆弱性和明星身份的偶然性。整个20世纪和21世纪，原始人类化石的发现依赖于一点运气和一点技巧，特别是关于它们的文化来源。化石的叙事——它们的成名之路——是历史偶然性力量的一条重要论据。

斯蒂芬·杰·古尔德（Stephen Jay Gould）曾经提出将演化的磁带倒带后重新播放的假设，以此探讨偶然性在解释演化的过程中发挥的作用。这个问题——生命再次演化的方式会和上一次完全一样，还是迥然不同？——就如同问重放演化磁带是否会使每个物种的演化史成为“第二次事业”。古尔德重置物种系统发育的比喻，告诉我们一个物种的演化史是一系列不可重复的事件。

在他1985年出版的《火烈鸟的微笑》一书中，古尔德进一步研究了偶然性的概念。古尔德告诉读者，火烈鸟是一种喙的形状和进食行为都很奇特的生物体。大多数鸟类通过上下移动喙的下半部分来进食。然而，当火烈鸟将头浸入水中进食时，上下喙的相对位置会发生变化，这意味着火烈鸟不能“正常”进食，因为它的头是上下颠倒的。但是火烈鸟的喙表现出一个特别奇特的演化特征：喙是一个可活动的球窝关节，这使得火烈鸟可以根据自己正在做的事情来决定活动喙的哪一部分。因此，如果它在梳理羽毛，喙的下半部就会活动，因为是正立状态。但如果它在进食，那么喙的上半部就会活动，因为头是倒立的。根据古尔德的说法，火烈鸟是成功颠覆自然、颠倒着生活的杰出例子。火烈鸟颠三倒四、纵横交错的演化史意味着它们表现出成功的喙适应性，但是，如古尔德所强调，火烈鸟喙的演化路径是完全不可复制的。古尔德总结说：“自然界有一大堆稀奇古怪的东西，我们几乎无法预测。”[3]

对这七块化石来说，它们的文化历史——和其演化历史一样——是百转千回的过程。这些化石中的明星在古人类学的科学故事中作为道具、吉祥物、象征和化身而存在，然而它们也拥有自己的文化轨迹，而且这些轨迹就像他们所属物种的演化一样独特和不可复制。在被发现后，这些化石时而走这条路，时而走那条路——被一个科学家推过来解释某个特定的演化模型，又被另一个科学家拉着去解释其他模型，要么被捧为优秀科学的典范，要么被当作科学出错的结果而遭到嘲讽。但最重要的是，化石是这些故事的总和——它们的名声是意外和偶然的产物，是历史的机遇和巧合，是人们那些看似微小、累加起来却意义重大的果断决定。

只有化石被发现时，这些历史性的机遇和巧合才会启动，使其发现者成为众人瞩目的焦点。尤其就这七块化石而言，它们的发现者在其职业生涯中充当了倡导者和解释者的角色，使他们无论如何都是对化石拥有最终解释权的人。这种地位——化石的社会守护者——提供了某种自身的名人效应，使发现者凭借自身的贡献成名。在《聚光灯下的明星科学家》中，社会学家德克兰·费伊（Declan Fahy）表示，名人可以有一种积极的力量。"名人化身为代言者，以代言者的身份行事……具有持久知名度和突出地位的名人有办法描绘出他们那个时代的深刻问题、紧张和冲突。名人成为他们特定时代和地区的文化和社会的化身。"他认为，"他们帮助人们理解这个世界。"[4]

这就在科学家和他们发现的化石之间建立了一种不可阻断的联系——几十年间，人们对化石的接受度起起落落，他们的命运也随之浮浮沉沉。当汤恩幼儿及其所属物种南方古猿非洲种最终被认可为人类祖先时，雷蒙德·达特便再次被科学共同体欣然接纳；在周口店发现人属祖先的兴奋也意味着步达生和安特生得以享受机构支持，在北京建立一个正儿八经的实验室；露西成就了唐纳德·约翰逊的事业；源泉种的成功让科学界和公众对李·伯杰的下一个大事件——纳莱迪人的发掘产生了兴趣，而目前发掘工作已经初露头角。那么，要成为成功的明星化石，就是要在媒体、商品化和代表性这三个临界点之间取得平衡。

科学家成名往往有赖于化石发现，但明星化石则是反反复复做出的成千上万个决定的结晶。这些决定——关于如何研究及内化化石——汇聚起来，显示了化石的观赏价值。好的发现故事才是让明星化石最初走上成名之路的真正原因，而伟大的发现故事必然使公众产生对化石及其发现者的认同感。但从根本上说，化石的发现是偶然的，正如温斯顿・艾尔斯对克莱尔・纳什的提醒，是一种不可重复的科学发现，像它们的历史一样。

也许其他化石也应该得到成名的机会，就像温斯顿・艾尔斯说的，成千上万有抱负的好莱坞新秀也应该如此，只可惜他们不是克莱尔・纳什。这让我想起了同事提出的关于如何写著名化石的问题："你怎么能够写一本关于著名化石的书，却不写其他重要化石呢？"当然，古人类学历史上还有其他重要化石，但是这些化石根本没有获得同样的明星地位，因为它们没有以流行的方式与受众产生共鸣。至于那些著名化石，它们是具有人格和象征意义的文化人物，它们所讲述的故事不仅仅是简单的发现、观察和理论。我们越是了解化石的元故事，就越能清楚地考虑该如何思考科学、历史和流行文化之间的相互作用。

人类学家伊丽莎白・哈勒姆（Elizabeth Hallam）敏锐地指出，骨头——确切说是化石——特别擅长复杂的生活史。"骨头（拥有）不同的死后生活：战利品、纪念品、知识来源、用来拥有和交易的东西、已故的亲属、科学数据、曾经活着的人……骨头在情感上被感知，在经验上被了解、收集和展示，被认为有必要埋葬、挖掘和重新埋葬。它们可能被保存或者抹去，有时被公开纪念，有时被掩盖和丢失。"[5]随着来生徐徐展开，明星骸骨们轻而易举地在情感和经验之间游走。对一些人来说，那是在博物馆展览中看到了真正的化石，感受文物的真实性；对另一些人来说，那是在《钢铁之躯》的开头，乔・艾尔取回法典时认出了那枚原始人类化石。（其原型是普莱斯夫人。）

我们谈论这些著名发现的方式反映了我们构建化石生命故事的方式——其科学价值以及文化魅力。本书中的七块化石当然是科学物品，但也体现了我们如何在流行文化中思考科学和科学发现。事实上，成为明星的道路并不单一。只有走到道路尽头才能彰显出价值。也许五十年或者一百年后，一些位列二线的化石会成为明星，然而目前看来，它们还不是。

“人们知道这个故事。”约瑟夫·坎贝尔（Joseph Campbell）在《千面英雄》中写道，“已经讲述了一千遍了。”[6]与这些著名科学发现相关的故事、叙事、不断积累的意义和短时效文化曾经被反复讲述——方式没有千种也有百种——形成了化石的神话并赋予它们超越静态物体的生命。我们如何理解人类演化的化石——也就是说，如何理解自己的起源——是化石文化历史不可或缺的组成部分。我们在自己的环境中与这些原始人类化石相遇，为它们的生活故事做出了贡献——更有趣的是，我们正积极参与到这些故事的书写中。化石的故事仍在继续展开。

我回想起多年前约翰内斯堡那个寒冬六月的早晨，托比亚斯博士向我和其他十几个本科生化石爱好者介绍了明星化石汤恩幼儿。当然，他谈到了这块化石的解剖学和生物学特征，其大脑化石的独特性，以及它向我们提供的三百万年前人类祖先的信息。他谈到了汤恩幼儿所属物种——南方古猿非洲种——的演化意义。甚至表述了一些开放性的研究问题——在这些问题上，化石在出土近一百年后仍然被现在从事人类起源研究的科学家看作重要证据。

但更重要的是，他的讲解还表明，化石完全彻底地具备了历史和文化的意义——实际上，他的那场讲解本身也在参与这种意义的创造，一如他之前的数百次讲解。关于他自己的导师雷蒙德·达特的故事，以及达特与“缺失的环节”的冒险经历，都曾经是——现在也是——化石生命故事的一部分，其重要性不亚于化石的三维扫描、卡尺测量以及博物馆中流传的数百个注模。化石的诗意同人小说和达特的妻子落在伦敦出租车上的小木箱——更不用说托比亚斯与汤恩幼儿合作的口技表演了——是化石历史的重要部分，是化石生命中的章节。看到化石——先在化石库里，后来在博物馆里见到注模——意味着我参与了化石的生命历程，和其他做了同样事情的人一样。

“人们可以认为（汤恩幼儿）是美丽的，无论是从它的科学重要性来看，”威特沃特斯兰德大学策展人伯恩哈德·齐普费尔认为，“还是从它令人联想到艺术作品的美学特征来看。它唤起了观者的情感。每当小心翼翼拿起它时，我都会浑身汗毛倒竖。”[7]汤恩幼儿的故事，就像从露西到佛罗到老人的所有化石一样，远远没有结束。每一个新的故事——每一项新的科学研究、博物馆展览和流行文化参考——都会开启化石生命中的下一章。

它们的未来仍在书写之中。

致谢

《七个骨架》能够成书，与众多领域和差异视角分不开，我十分感谢项目过程中提供反馈、对话、建议、支持和热情的诸位同事、专家和朋友们：贾斯丁·亚当斯、斯黛西·艾克、李·伯杰、扬·艾贝斯塔、凯文·伊根、扬·弗里曼、尤哈尼斯·海尔–塞拉西、罗纳德·哈维、约翰·豪克斯、查尔斯·D.海姆、查尔斯·J.D.海姆、林赛·亨特、大卫·琼斯、威廉·荣格斯、乔恩·卡尔布、约翰·卡佩尔曼、琳达·金、斯科特·诺尔斯、罗伯特·科鲁斯钦斯基、谭雅·库利克、凯文·库肯达尔、林邵君（音）、克里斯蒂·鲁顿、克里斯托弗·梅尼亚斯、伊丽莎白·玛瑞玛、约翰·米德、南希·奥德加德、斯文·伍兹曼、塔米·彼得斯、朱利安·瑞尔–萨尔瓦托、莎拉·谢克纳、卡罗琳·辛德勒、岑舒安（音）、艾米·斯雷顿、弗朗西斯·撒克利、德克·范·图伦豪特、柯斯滕·凡尼科斯、米尔福德·沃尔珀夫和伯恩哈德·齐普费尔。

此外，通过访谈、查阅档案、复制出版物，或者提供资金支持等方式，许多机构也曾助力过本书的相关研究，包括“附录”、骨头克隆公司、自然历史博物馆（伦敦）、彭诺尼荣誉学院（德雷塞尔大学）、科学图片和科学资料图书馆、史密森尼学会档案馆、得克萨斯大学奥斯汀分校图书馆、得克萨斯大学奥斯汀分校历史研究所、威特沃特斯兰德大学（档案馆）和乌普萨拉演化博物馆。

我非常感谢我的经纪人格瑞·托马和编辑梅兰妮·托托罗利，感谢他们对这个项目的兴趣，以及他们为了让《七个骨架》从“想法”变成“书”给予我的帮助。霍利·泽姆斯塔非常友好地分享了她对许多早期草稿的想法和反馈。我的父母一直对“谈论化石”兴致勃勃，我很高兴这七具化石骨架没有让他们失望。我也非常感谢斯坦·塞伯特对这个项目坚定不移的乐观态度和热情。

尾注

简介　著名的化石，隐秘的历史

1　琼尼·布伦纳、伊丽莎白·伯勒斯和卡罗尔·奈尔，《骨头的生活：艺术遇见科学》（约翰内斯堡，威特沃特斯兰德大学出版社，2011年），第84页。

2　丹尼尔·波尔斯丁，《图像：美国假冒事件指南》（纽约，维塔奇书局，2012年），第61页。

3　塞缪尔·阿尔贝蒂等，《动物们的来世：博物馆动物展》（夏洛茨维尔，弗吉尼亚大学出版社，2011年），第1页。

4　布伦纳、伯勒斯和奈尔，《骨头的生活》，第12页。

第一章　拉沙佩勒的老人：人类的陪衬

1　琳恩·巴柏·卡迪夫，《自然历史的全盛期》（纽约，双日出版社，1984年）；彼得·迪尔，《革新科学：欧洲知识及其雄心，1500–1700》，第二版（新泽西州普林斯顿，普林斯顿大学出版社，2009年）。

2　约翰·卡尔·福尔罗特，《高地山谷附近的尼安德特人类骨骼的一部分》，《普鲁士莱茵及威斯特伐里亚自然历史协会会谈录第14卷》（1856年），第50页；赫尔曼·沙夫豪森，同上，第38–42页及第50–52页。

3　伊恩·塔特索尔，《最后的尼安德特人：我们最亲近的人类亲属的崛起、成功和神秘灭绝》修订版（纽约，基本书局，1999年），第74–77页。

4　同上。

5　福尔罗特和沙夫豪森，《人类骨骼的一部分》。

6　托马斯·亨利·赫胥黎，《人在自然中的位置》（安娜堡，密歇根大学出版社，1959年），第205页。

7　玛丽昂内·萨默，《墙上的魔镜：20世纪早期法国科学和出版物尼安德特人的形象和"扭曲"》，《科学的社会研究》第36卷第2期（2006年4月1日），第207–240页。

8　让·布伊松尼，《拉沙佩勒欧圣的莫斯特墓葬》，《宇宙》，1909年7月9日，第11页。

9　玛丽昂内・萨默,《骨头与赭土：帕维兰红女士的奇特来生》(马萨诸塞州剑桥，哈佛大学出版社，2007年)，第176页。

10　莉迪亚・派恩,《三维尼安德特人：拉沙佩勒人》，Public Domain Review网站，2015年2月11日。

11　马塞林・布勒,《拉沙佩勒欧圣的人类化石》(巴黎，Masson出版社，1911年)，第11页。

12　玛丽昂内・萨默,《墙上的魔镜：20世纪早期法国科学和出版物尼安德特人的形象和“扭曲”》

13　理查德・米尔纳和罗达・奈特・卡尔特,《查尔斯・奈特：看穿时间的艺术家》(纽约，哈里・艾布拉姆斯出版社，2012年)。

14　莉迪亚・派恩和斯蒂芬・派恩,《最后的失落世界：冰河时代、人类的起源和更新世的发明》(纽约，维京出版社，2012年)。

15　罗斯尼,《寻火之旅》(纽约，Ballantine出版社，1982年)，第6页。

16　莉迪亚・派恩,《寻火之旅：尼安德特人和科幻》，附录2，第3条(2014年7月)；莉迪亚・派恩,《我们的尼安德特人情结》，Nautilus网站第24期(2015年5月14日)。

17　马塞林・布勒,《拉沙佩勒欧圣的人类化石》，第10页。

18　《来自法国丰特切瓦德的人类头骨》，摘要,《自然》杂志。

19　威廉・斯特劳斯和亚历山大・卡夫,《尼安德特人的病理学和姿态》,《生物学评论季刊》第32卷第4期(1957年12月1日)，第348-363页。

20　帕梅拉・简・史密斯,《多萝西・加洛德教授：瘦小，黝黑，活力四射！》,《考古学历史公报》第7卷第1期(1997年5月20日)。

21　查尔斯・洛林・布雷斯等,《“经典”尼安德特人的命运：关于原始人类灾变说的思考》,《现代人类学》第5卷第1期(1964年2月1日)，第3-43页。

22　塔彭,《拉沙佩勒欧圣“老人”的定义和关于尼安德特人行为的推论》,《美国体质人类学杂志》第67卷第1期(1985年5月1日)，第43页。

23　同上。

24　威廉・伦杜等,《支持拉沙佩勒欧圣尼安德特人有意墓葬行为的证据》,《美国国家科学院院刊》第111卷第1期(2014年1月7日)。补充重点。

25　约翰・古尔切,《塑造人性：科学、艺术和想象如何帮助我们理解我们的起源》(康涅狄格州纽黑文，耶鲁大学出版社，2013年)。

26　马塞林・布勒,《化石人：人类古生物学教科书》(伊利诺伊州橡树溪，Dryden出版社，1957年)。

27 威廉·莎士比亚，《暴风雨》第1幕第2场，第296-298行，第363-365行。

28 阿尔穆德纳·埃斯塔里奇和安东尼奥·罗萨斯，《西德隆洞穴（西班牙阿斯图里亚斯）尼安德特人的用手习惯：来自器具纹路的证据和个体发育的推断》，PLOS ONE第8卷第5期（2013年5月6日），总第62797篇；柳波夫·格洛瓦诺娃等，《梅兹迈斯卡娅洞穴：北高加索的一处尼安德特人定居点》，《现代人类学》第40卷第1期（1999年2月），第77-86页；朱利安·瑞尔-萨尔瓦托，《里帕洛篷布里尼（意大利红石洞穴遗址）晚期穆斯蒂埃地层的空间分析》，《加拿大考古学期刊》第37卷第1期（2013年），第70-92页；朱利安·瑞尔-萨尔瓦托，作者访谈，2014年9月24日。

第二章 皮尔当：上等赝品，有名无石

1 弗兰克·斯宾塞，《皮尔当文献，1908-1955：与皮尔当伪造事件有关的信件和其他文件》（纽约，自然历史博物馆出版社及牛津大学出版社，1990年），第17页。

2 同上。

3 1912年12月22日，星期日，《纽约时报》声嘶力竭的标题：《达尔文理论被证实。英国科学家称在萨塞克斯发现的头骨证明了人类是猿的后代。遗骨显示出以往只存在于想象中的人类演化阶段。》

4 道森和史密斯·伍德沃德，收录于斯宾塞整理的《皮尔当文献》，第15页。

5 同上，第16页。

6 同上，第17页。

7 阿瑟·史密斯·伍德沃德，《最早的英国人》（伦敦，Watts出版社，1948年），第9-10页。

8 同上。

9 斯宾塞，《皮尔当文献》，第20页。

10 《皮尔当骨头和“器具”》，《自然》第174卷总第4419期（1954年7月10日），第61-62页。

11 威廉·博伊德·道金斯，《英国远古人类的地质学证据》，《地质学杂志》第2期，第464-466页（1915年）。

12 亨利·费尔菲尔德·奥斯本，《石器时代的人类，他们的环境、生活和艺术》（纽约，斯克里布纳之子出版公司，1925年），第130页。

13 大英自然历史博物馆地质学和古生物学部的《人类化石遗迹指南》（伦敦，大英博物馆，1918年），第14页。

14 拉夫·德·邦，《创造史前人类：艾美·鲁托和原始石器时代争议，1900-1920》，

《伊西斯》第94卷第4期（2003年12月），第604–630页。

15　格拉夫顿·埃利奥特·史密斯，《人类演化：散文》（伦敦，牛津大学出版社，密尔福德，1927年），引用自约翰·里德，《缺失的环节：寻找最早的人类》（伦敦，企鹅出版社，1981年），第68页。

16　里德，《缺失的环节》，第71页。

17　约瑟夫·悉尼·韦纳、肯尼斯·佩吉·欧克利和威尔弗里德·爱德华·勒格罗斯·克拉克，《皮尔当问题的解决》（伦敦，大英博物馆，1953年），第53页。

18　查尔斯·布林德曼，《皮尔当调查》（纽约州布法罗市，普罗米修斯图书出版公司，1986年），第66页。

19　韦纳、欧克利和克拉克，《皮尔当问题的解决》，第53页。

20　卡罗琳·辛德勒，《皮尔当的受害者们：阿瑟·史密斯·伍德沃德》，《演化》第11卷（2012年），第32–37页。

21　波斯尔思韦特，《给编辑的信》，《泰晤士报》（伦敦），1953年11月25日。

22　皮尔当收藏，自然历史博物馆，伦敦。

23　莫里斯，《皮尔当故事》，1954年6月，皮尔当收藏，自然历史博物馆，伦敦。

24　布林德曼，《皮尔当调查》，第79页。

25　罗斯玛丽·鲍尔斯，《给欧克利博士的备忘录》，1967年4月28日，皮尔当杂项，皮尔当收藏，自然历史博物馆，伦敦。

26　肯尼斯·菲德尔，《骗局、神话和谜团：考古学中的科学和伪科学》（波士顿，麦格劳希尔梅菲尔德出版公司，2001），第55页。

27　克劳德·列维–施特劳斯，《神话与意义：破解文化编码》（纽约：Schocken出版社，1978年），第40–41页）。

28　辛德勒，《皮尔当的受害者们》，第37页。

第三章　汤恩幼儿：民间英雄的崛起

1　雷蒙德·达特（与丹尼斯·克雷格合著），《缺失的环节历险记》（纽约：哈珀兄弟出版公司，1959年），第6–7页。

2　由罗杰·勒温引用于《争执之骨：人类起源探索中的争议》第二版（芝加哥：芝加哥大学出版社，1997年），第50页。

3　雷蒙德·达特（与丹尼斯·克雷格合著），《缺失的环节历险记》，第4页。

4　同上，第6–7页。

5　雷蒙德·达特，《南方古猿非洲种：来自南非的人猿》，《自然》第115卷，第2884期

（1925年），第195–199页；里德，《缺失的环节》，第82页。

6 雷蒙德·达特（与丹尼斯·克雷格合著），《缺失的环节历险记》，第10页。

7 雷蒙德·达特，《南方古猿非洲种：来自南非的人猿》；原文强调“介于现存类人猿和人类之间”字样。

8 同上，第198–199页

9 达特和克雷格，《缺失的环节历险记》，第6–7页。

10 巴洛来信，日期：1928年10月17日，雷蒙德·达特档案，威特沃特斯兰德大学。

11 安妮·克兰丁宁，《关于大英帝国博览会，1924–1925年》，BRANCH在线文集。

12 博览会总干事（已发表）信件，日期：1925年7月9日，雷蒙德·达特档案中的通信，威特沃特斯兰德大学。

13 雷蒙德·达特档案，威特沃特斯兰德大学。

14 博览会总干事（已发表）信件，日期：1925年7月9日，雷蒙德·达特档案中的通信，威特沃特斯兰德大学。

15 雷蒙德·达特档案，威特沃特斯兰德大学；阿瑟·基思，《写给编辑的信》，《自然》第116卷（1925年9月26日），第462–463页。

16 雷蒙德·达特档案，威特沃特斯兰德大学。

17 来自约瑟夫·利德尔的信件，日期：1930年5月3日，雷蒙德·达特档案中的通信，威特沃特斯兰德大学。

18 达特和克雷格，《缺失的环节历险记》，由里德引用于《缺失的环节》。

19 曼尼莎·达亚尔等，《南非约翰内斯堡威特沃特斯兰德大学雷蒙德·达特人类骨骼收藏的历史和构成》，《美国体质人类学杂志》第140卷第2期（2009年），第324–335页。

20 达特和克雷格，《缺失的环节历险记》；里德，《缺失的环节》。

21 里德，《缺失的环节》。

22 勒温，《争执之骨》，第47页。

23 雷蒙德·达特档案，威特沃特斯兰德大学。

24 同上。

25 查尔斯·金柏林·布莱恩等，《南非斯瓦特克郎斯洞穴有关早期原始人类及其文化和环境的新证据》，《南非科学杂志》第84卷（1988年），第828–835页。

26 查尔斯·金柏林·布莱恩等，《国家博物馆100年：国家文化历史博物馆、地质勘探博物馆、德兰士瓦博物馆、自然文化历史博物馆》，1992年；特希亚·佩雷吉尔，迪宗博物馆档案保管员，与作者的电子邮件访谈，2014年1月。

27 莉迪亚·派恩，《迪宗实景模型：给化石以身体，置化石于叙事》，附录2，第2条

（2014年4月）。

28　其他对《骨头的生活：艺术遇见科学》有贡献的作者和艺术家；布伦纳、伯勒斯和奈尔，《骨头的生活》，第9页。

29　布伦纳、伯勒斯和奈尔，《骨头的生活》。

30　克里斯蒂·鲁顿，与作者的电子邮件及电话访谈，2014年2月28日及2014年3月3日。

31　布伦纳、伯勒斯和奈尔，《骨头的生活》，第3页。

32　李·伯杰，与作者的访谈，2013年6月27日，威特沃特斯兰德大学。

33　克里斯蒂·鲁顿，与作者的电子邮件及电话访谈，2014年2月28日及2014年3月3日。

第四章　北京人：古人类学黑色奇案

1　安妮利·瓦拉，《独特的牙齿揭示北京人生活细节》，乌普萨拉大学；扬·佩特·米克勒布斯特，《时隔九十年，“北京人”牙齿再度被发现》，大学世界新闻网，2015年3月20日。

2　贾兰坡和黄慰文，《周口店发掘记》（牛津，牛津大学出版社，1990年），第10页。

3　彼得·凯尔加德，《缺失环节的远征——北京人为什么没有被找到》，《壮举》第36卷，第3期（2012年9月），第97-105页。

4　同上，第98页。

5　安特生，《黄土的儿女：中国史前史研究》重印版（马萨诸塞州剑桥，麻省理工学院出版社，1973年）。

6　凯尔加德，《缺失环节的远征》，第97页。

7　贾兰坡和黄慰文，《周口店发掘记》，第20页。

8　同上，第49页。

9　同上，第63-64页。

10　同上，第64-65页。

11　同上，第65页。

12　同上，第66页。

13　严晓珮，《构建中国人：中国边疆的古人类学和人类学，1920-1950》，博士论文，哈佛大学，2012年。

14　洛克菲勒基金会，记录组1.2，序列601D（中国），第1箱，第4文件夹：中国，北京协和医学院：步达生（克里斯托弗·梅尼亚斯提供）。

15　克里斯托弗·梅尼亚斯，与作者的电子邮件访谈，2015年5月20日。

16 沈德容，《发掘国族：民国时代中国的现代地质学和国家主义》（芝加哥，芝加哥大学出版社，2013年），第5页。

17 克里斯托弗·梅尼亚斯，与作者的电子邮件访谈，2015年5月20日。

18 贾兰坡和黄慰文，《周口店发掘记》，第175页，引自露丝·摩尔。

19 克里斯托弗·雅努斯和威廉·布拉什勒，《寻找北京人》（纽约，麦克米兰出版公司，1975年）。

20 《金融家被控以搜寻北京人遗骨为名实施诈骗》，路透社，1981年2月26日；斯蒂芬·米勒，《个性十足的芝加哥人的至臻绝技，以侦探手段寻找北京人，获有罪指控》，《华尔街日报》，2009年2月28日。

21 斯蒂芬·米勒，《个性十足的芝加哥人的至臻绝技，以侦探手段寻找北京人，获有罪指控》

22 简·胡克，《中国来信：寻找北京人》，《考古学》杂志，2006年3/4月刊。

23 莉迪亚·派恩，《致俄罗斯的爱》，附录2，第4条（2014年10月）。

24 雷蒙德·达特档案，威特沃特斯兰德大学。

25 阿米尔·阿克塞尔，《耶稣会会士和头骨：德日进、演化和对北京人的搜寻》（纽约，河源出版社，2007年），第154页。

26 《再现我们的祖先》，《远征》杂志第29卷，第1期（1987年3月）；www.penn.museum/sites/expedition/reproducing-our-ancestors。

27 同上。

28 贾兰坡和黄慰文，《周口店发掘记》，第174-175页；哈里·夏皮罗，《北京人：科学无价珍宝的发现、消失和神秘》（纽约，西蒙舒斯特出版社，1974年），第30页。

29 严晓珮，《构建中国人》，第10-11页。

30 瓦拉，《独特的牙齿揭示北京人生活细节》。

第五章　露西：科学贵妇人

1 唐纳德·约翰逊和梅特兰·埃迪，《露西：人类的开始》（纽约，西蒙舒斯特出版社，1981年）。

2 《阿法中部发现古代智人》，《埃塞俄比亚先驱报》，1974年10月26日。

3 唐纳德·约翰逊和梅特兰·埃迪，《露西》，第18页。

4 劳伦·波恩，《问答："露西"的发现者唐纳德·约翰逊》，《时代》，2009年3月4日。

5 《阿法中部：发现了最完整人类遗骸》，《埃塞俄比亚先驱报》，1974年12月21日。

6 同上。

7　乔恩·卡尔布，《骨头贸易中的冒险：埃塞俄比亚阿法低地的人类祖先发现之争》（纽约，哥白尼出版社，2001年），第150–151页。

8　同上。

9　唐纳德·约翰逊和莫里斯·泰伊伯，《埃塞俄比亚哈达的上新更新世古人类发现》，《自然》第260卷，第5549期（1976年3月25日），第293–297页。

10　同上。

11　勒温，《争执之骨》，第271页。

12　《露西在埃塞俄比亚被发现四十后年之后：与唐纳德·约翰逊的对话》，Tadias在线杂志，2014年11月24日。

13　勒温，《争执之骨》，第270页。

14　理查德·布里兰特，《肖像画》（伦敦，Reaktion出版社，2003年），第8页。

15　同上，第61页。

16　莉迪亚·派恩，《迪宗实景模型：给化石以身体，置化石于叙事》。

17　安·吉本斯，《露西的海外巡展引发抗议》，《科学》第314卷，第5799期（2006年10月27日），第574—575页。

18　同上。

19　同上。

20　德克·范·图伦豪特，与作者的访谈，2012年11月15日及2015年5月12日。

21　同上。

22　同上。

23　朱丽叶·艾尔培林，《在埃塞俄比亚，奥巴马和古代化石都能享受车队》，《华盛顿邮报》，2015年7月27日。

24　威廉·亚德里，《他们不爱露西》，《纽约时报》，2009年3月13日。

25　南希·奥德加德，与作者的电话访谈，2015年6月25日。

26　同上。

27　罗纳德·哈维，与作者的电话访谈，2015年6月26日。

28　同上。

29　朱丽叶·艾尔培林，《在埃塞俄比亚，奥巴马和古代化石都能享受车队》。

30　南希·奥德加德，与作者的电话访谈，2015年6月25日。

31　唐纳德·约翰逊和詹姆斯·雪利夫，《露西的孩子：人类祖先的发现》（纽约，哈珀永久出版社，1990年）。

32　恩斯特·弗雷德里克·康拉德·科尔纳，《费尔迪南·德·索绪尔：他在西方语言研究中的语言学思考的源起和发展：对语言学历史和理论的贡献》，《语言学著作》第7卷（布伦瑞克，维格出版社，1973年）；卡罗尔·桑德斯（编辑），《剑桥索绪尔指南》（纽约，剑桥大学出版社，2004年）。

33 罗纳德·哈维，与作者的电话访谈，2015年6月26日。

34 克里斯蒂·鲁顿，与作者的电子邮件和电话访谈，2014年2月28日和2014年3月3日。

35 骨头克隆，与作者的电子邮件访谈，2015年5月14日。

第六章 霍比特人佛罗：饱受争议的宝贝

1 尤恩·卡拉韦，《佛罗勒斯人的发现：霍比特人的故事》，《自然》第514卷，第7523期（2014年10月23日），第422–426页。

2 迈克·莫伍德和潘妮·范·奥斯特齐，《新人类：印度尼西亚佛罗勒斯岛“霍比特人”的惊人发现和奇特故事》（纽约：史密森尼出版社/柯林斯出版社，2007年），第27页。

3 同上，第31页。

4 同上，第85页。

5 尤恩·卡拉韦，《佛罗勒斯人的发现：霍比特人的故事》。

6 塔比莎·波利奇，《把戏：不寻常人类骨骼的发现有着广泛的启示》，《欧洲分子生物学组织报告》第6卷（2005年），第609–612页。

7 尤恩·卡拉韦，《佛罗勒斯人的发现：霍比特人的故事》。

8 同上。

9 同上。

10 迈克尔·霍普金，《腕骨提升了霍比特人的地位》，《自然新闻》，2007年9月20日；马修·托切里等，《佛罗勒斯人的原始手腕及其对原始人类演化的意义》，《科学》第317卷，第5845期（2007年9月21日），第1743–1745页。

11 尤恩·卡拉韦，《佛罗勒斯人的发现：霍比特人的故事》。

12 《粗野的古人类学》，《自然》第442卷，第7106期（2006年8月31日），第957页。

13 引用自玛尔塔·米拉松·拉尔和罗伯特·富利，《古人类学：小而易见的人类演化》，《自然》第431卷（2004年10月28日），第1043页；迈克尔·霍普金，《佛罗勒斯发现》，《自然新闻》（2004年10月27日）。

14 玛尔塔·拉尔和罗伯特·富利，《古人类学：小而易见的人类演化》，第1043–1044页。

15 拉克兰·威廉姆斯，《学术界好“贱”：“霍比特人”化石引发的争斗》，NineMSN网站9 Stories频道，2014年9月23日；马切伊・亨尼伯格等，《印度尼西亚佛罗勒斯的LB1演化发育内稳态被干扰指示唐氏综合征，而非无效物种佛罗勒斯人的诊断特征》，《美国国家科学院院刊》第111卷，第33期（2014年8月4日），201407382。

16 尤恩・卡拉韦，《佛罗勒斯人的发现：霍比特人的故事》。

17 雷克斯・道尔顿，《佛罗勒斯的小妇人迫使人们重新思考人类演化》，《自然》第431卷，第1029期（2004年10月28日）。

18 格雷戈里・福斯，《原始人类、长毛的原始人类和人类科学》，《今日人类学》第21卷，第3期（2005年6月1日），第13-17页。

19 约翰・古尔切，《塑造人性：科学、艺术和想象如何帮助我们理解我们的起源》（康涅狄格州纽黑文，耶鲁大学出版社，2013年），第270-271页。

20 迪安・福尔克，《化石编年史：两个争议性的发现如何改变了我们对人类演化的看法》（奥克兰，加利福尼亚大学出版社，2012年），第78页。

21 尤恩・卡拉韦，《佛罗勒斯人的发现：霍比特人的故事》。

22 同上。

23 迈克・莫伍德和潘妮・范・奥斯特齐，《新人类：印度尼西亚佛罗勒斯岛“霍比特人”的惊人发现和奇特故事》，第xii页。

第七章　源泉种：现代速成红人

1 西莉亚・威廉姆斯・达戈和约翰・诺布尔・威尔福德，《南非发现新原始人类物种》，《纽约时报》，2010年4月8日。

2 李・伯杰，《在人类摇篮工作和导引》（约翰内斯堡，Prime Origins网站，2005年）。

3 雷克斯・道尔顿，《非洲的下一个顶级原始人类》，《自然新闻》，2010年6月21日。

4 尤哈尼斯・海尔-塞拉西等，《来自埃塞俄比亚沃朗索-米尔区域的早期南方古猿阿法种颅骨后部》，《美国国家科学院院刊》第107卷，第27期（2010年7月6日），第12121-12126页。

5 雷克斯・道尔顿，《非洲的下一个顶级原始人类》。

6 菲利普・雷诺和欧文・洛夫乔伊，《从露西到大个子：对南方古猿阿法种稽核的平衡研究仅证实了中度骨骼二态性》，PeerJ第3卷（2015年4月28日），第e925页。

7 《威特沃特斯兰德大学科学家揭示新原始人类物种》，威特沃特斯兰德大学，2010年4月8日。

8 同上。

9 李・伯杰，《在人类摇篮工作和导引》。

10 《威特沃特斯兰德大学科学家揭示新原始人类物种》，威特沃特斯兰德大学。

11 黄凯特，《南方古猿源泉种是有史以来最重要的人类祖先发现吗？》，《科学美国人》，2013年4月24日。

12 弗雷德·斯普尔，《古人类学：马拉帕和人属》，《自然》第478卷，第7367期（2011年10月6日），第44-45页。

13 《威特沃特斯兰德大学科学家揭示新原始人类物种》，威特沃特斯兰德大学。

14 科尔·斯安，《意外的人类祖先发现——藏在实验室石块里的重要化石》，《国家地理新闻》，2012年7月14日。

15 《新星帝国洞穴2014年度报告》，南非遗产资源局。

16 黄凯特，《南方古猿源泉种是有史以来最重要的人类祖先发现吗？》。

17 尤哈尼斯·海尔-塞拉西等，《埃塞俄比亚的新物种进一步扩展了上新世中期原始人类多样性》，《自然》第521卷，第7553期（2015年5月28日），第483-488页。

18 黄凯特，《对化石数据访问权的再次推动能够最终颠覆古人类学的保密文化吗？》，《科学美国人》，2012年5月8日。

19 同上。

后记 命运啊！一点运气，一点技巧

1 安·兰德和莱昂纳德·裴科夫，《早期安·兰德：未发表小说选集》（纽约，新美国图书馆，1984年），第89页。

2 同上，第93-94页。

3 斯蒂芬·杰·古尔德，《火烈鸟的微笑：自然历史的思考》（纽约，诺顿出版社，1985年），第26页。

4 德克兰·费伊，《聚光灯下的明星科学家》（马里兰州兰汉姆，罗曼和利特菲尔德出版社，2015年），第7页。

5 伊丽莎白·哈勒姆，《表达之骨：后记》，《物质文化杂志》第15卷，第4期（2010年12月1日），第465-466页。

6 约瑟夫·坎贝尔，《千面英雄》重印版（旧金山，新世界图书馆，2008年），第334页。

7 布伦纳、伯勒斯和奈尔，《骨头的生活》，第3页。